新形态教材
高等职业教育系列教材

无机与分析化学实验

WUJI YU FENXI HUAXUE SHIYAN

戴静波　周俊慧　主编

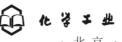

化学工业出版社

·北京·

内容简介

《无机与分析化学实验》主要介绍化学实验基础知识、化学实验基本操作技术、常用仪器及其使用方法、化学反应基本原理与应用实验、化学分析实验、仪器分析实验、综合性及设计性实验，共7章含38个实验。主要培养学生分析问题和解决问题的能力，提高学生的创新意识。

本书为纸质内容与数字化教学视频相结合的新形态教材，可供职业教育本科院校药学、化工、生物、材料、食品、化妆品、能源、环境及相关专业的教师和学生使用，也可供应用型本科及高职高专师生参考使用。

图书在版编目（CIP）数据

无机与分析化学实验/戴静波，周俊慧主编. — 北京：化学工业出版社，2024.3（2025.2重印）
高等职业教育系列教材
ISBN 978-7-122-44764-7

Ⅰ.①无… Ⅱ.①戴… ②周… Ⅲ.①无机化学-化学实验-高等职业教育-教材②分析化学-化学实验-高等职业教育-教材 Ⅳ.①O61-33②O652.1

中国国家版本馆 CIP 数据核字（2024）第 012989 号

责任编辑：陈燕杰　　　文字编辑：刘　璐
责任校对：边　涛　　　装帧设计：王晓宇

出版发行：化学工业出版社
　　　　　（北京市东城区青年湖南街13号　邮政编码100011）
印　　装：河北鑫兆源印刷有限公司
787mm×1092mm　1/16　印张16¼　字数272千字
2025年2月北京第1版第2次印刷

购书咨询：010-64518888　　　售后服务：010-64518899
网　　址：http://www.cip.com.cn
凡购买本书，如有缺损质量问题，本社销售中心负责调换。

定　价：45.00元　　　　　　　　　　版权所有　违者必究

本书编写人员

主　　编	戴静波	周俊慧
副 主 编	刘　悦	张敏利
编写人员	刘　悦	天津生物工程职业技术学院
	张敏利	浙江华海药业股份有限公司
	何雨姝	成都铁路卫生学校
	王　叶	浙江药科职业大学
	田宗明	浙江药科职业大学
	赵新梅	浙江药科职业大学
	周俊慧	浙江药科职业大学
	叶萍萍	浙江药科职业大学
	戴静波	浙江药科职业大学
	秦晋钰	山西药科职业学院
	卢昌华	广东潮州卫生健康职业学院

前言
PREFACE

本书根据党的二十大报告中关于优化职业教育类型定位，结合近年来在实验教学改革、实践中的经验编写而成。

本书注重化学基本操作技能训练。实验内容包括化学原理验证、物理和化学常数测定、无机物的制备与提纯、分析测定实验等。在实验内容的安排上，符合职业本科学生的认知规律，由浅入深，由简单到综合，强调学生自主学习的能力和综合素质的培养。实验设计上强调环保意识，体现绿色化学的教学理念。作为药物合成、食品、化妆品、材料及相关专业本科生入校后的第一门实验课程，培养学生的实践能力、严谨求实的科学态度。

本教材的编写综合考虑到学科之间相互交叉渗透的特点，选取与药品、食品等相关学科的应用性实验，并吸收了宁波市化学学科创新技能大赛实验，以拓宽学生的知识面，提升化学实验技能，同时开展探究设计实验，引导学生在实践中进行探索和创新，适应新时期应用型、创新型职业本科高素质技能人才培养的要求。

为了利于学生自学和直观了解实验内容，书中部分实验提供了教学视频和实验操作视频，读者可扫描书中二维码进行学习。

参与本书编写的有浙江药科职业大学的戴静波、周俊慧、田宗明、赵新梅、王叶、叶萍萍，天津生物工程职业技术学院的刘悦，浙江华海药业股份有限公司的张敏利，成都铁路卫生学校的何雨姝，山西药科职业学院的秦晋钰，广东潮州卫生健康职业学院的卢昌华等，全书由戴静波统稿。本书为浙江药科职业大学校级规划教材。在编写过程中得到浙江药科职业大学等单位的大力支持，同时，教材在编写过程中参考了部分文献资料，书中部分数字资源由张莉、李黎枝叶、章泽阳、沈峰、钟慧云、周丹璐、袁欣悦、方泽清、魏丹丹、黄若溪、杨慧慧等制作，在此一并表示感谢。

由于编者的学识水平和精力有限，书中疏漏和不妥之处在所难免，恳请使用本书的师生批评指正。

编者
2023 年 11 月

目录
CONENTS

第一章
化学实验基础知识　　001

一、实验室规则　　001	五、实验室的"三废"处理　　007
二、安全知识　　002	六、溶液的配制　　008
三、实验室用水　　003	七、实验数据的记录和实验报告　010
四、化学试剂及有关知识　　005	八、化学实验文献和手册的查阅　017

第二章
化学实验基本操作技术　　019

一、化学实验常用器皿及用具　　019	五、滴定分析仪器及其使用　　036
二、玻璃仪器的洗涤和干燥　　028	六、过滤、干燥与灼烧　　047
三、化学试剂的取用　　030	七、常用试纸及使用方法　　057
四、称量用具及基本操作　　032	

第三章
常用仪器及其使用方法　　058

一、酸度计及其使用　　058	使用　　061
二、紫外-可见分光光度计及其	三、红外分光光度计及其使用　　064

四、气相色谱仪及其使用	067	规程	075
五、高效液相色谱仪及其使用	071	七、ZDJ-5型自动滴定仪操作规程	
六、DDS-307A型电导率仪操作			077

第四章
化学反应基本原理与应用实验　　078

实验一	氯化钠的提纯　　078	实验六	最大泡压法测定溶液的表面张力　　102
实验二	缓冲溶液的配制和性质　083		
实验三	配合物的组成及稳定常数的测定　　088	实验七	黏度法测定大分子化合物的分子量　　108
实验四	化学反应速率和化学平衡　　092	实验八	表面活性剂临界胶束浓度值的测定（电导法）114
实验五	乙酸解离常数和解离度的测定　　098	实验九	硫酸链霉素水溶液的稳定性及有效期预测　120

第五章
化学分析实验　　124

实验一	分析天平称量练习　124	实验六	食醋中总酸度的测定　143
实验二	容量仪器的校准　　127	实验七	乳酸钠注射液中乳酸钠含量的测定　146
实验三	氢氧化钠标准溶液的配制与标定　　132	实验八	生理盐水中氯化钠含量的测定　　150
实验四	盐酸标准溶液的配制与标定　　137	实验九	硫代硫酸钠标准溶液的配制和标定　　154
实验五	铵盐中氮含量的测定（甲醛法）　　140	实验十	碘盐中碘含量的测定　158

实验十一	高锰酸钾滴定法测定 H_2O_2 含量	161		配制和标定 169
实验十二	亚硝酸钠标准溶液的配制和标定	166	实验十四	水的总硬度和钙镁含量的测定 172
实验十三	EDTA 标准溶液的		实验十五	氯化钡中结晶水含量的测定 177

第六章
仪器分析实验　　181

实验一	氟离子选择性电极测定水中氟含量	181		维生素 C 194
实验二	邻二氮菲分光光度法测定水中的微量铁	185	实验五	薄层色谱法鉴别维生素 C 197
实验三	紫外分光光度法鉴别和测定维生素 B_{12} 注射液	191	实验六	气相色谱法测定维生素 E 的含量 200
实验四	红外分光光度法鉴别		实验七	高效液相色谱法测定阿司匹林肠溶片中的阿司匹林含量 203

第七章
综合性及设计性实验　　207

实验一	乳酸钙的制备和含量测定（综合性实验）	208	实验四	（综合性实验） 216 混合碱中碳酸氢钠和碳酸钠含量的测定（综合性实验） 220
实验二	NaAc 含量的测定（离子交换-酸碱滴定法）（综合性实验）	212	实验五	阿司匹林铜中铜的含量测定（设计性实验） 223
实验三	硫酸亚铁铵的制备			

实验六　分离绿色蔬菜中的植物色素（设计性实验）225

实验七　茶叶中钙、镁及铁含量的测定（设计性实验）226

实验考核项目一　盐酸标准溶液（0.1mol·L^{-1}）的配制与标定　228

实验考核项目二　高锰酸钾含量的测定　234

附　　录　　239

附录1　常见化合物的摩尔质量　239

附录2　常用基准物的干燥条件与应用　241

附录3　常用缓冲溶液的配制　242

附录4　市售酸碱试剂的浓度、含量及密度　244

附录5　常用指示剂及其配制　244

附录6　常见阴阳离子鉴定方法　247

参考文献　　250

数字资源

数字资源 2-1　电子天平的使用
数字资源 2-2　移液管和吸量管的使用
数字资源 2-3　容量瓶的使用
数字资源 2-4　酸式滴定管的使用
数字资源 2-5　减压过滤
数字资源 3-1　pHS-3C 酸度计的使用
数字资源 3-2　玻璃比色皿的使用
数字资源 3-3　721 型分光光度计的使用
数字资源 5-1　盐酸标准溶液浓度的标定
数字资源 5-2　水的总硬度和钙镁的含量测定
数字资源 6-1　邻二氮菲分光光度法测定水中的微量铁
数字资源 7-1　乳酸钙的制备和测定
数字资源 7-2　阿司匹林铜中铜的含量测定

第一章
化学实验基础知识

一、实验室规则

遵守实验室规则是防止意外发生，保证正常实验的基本要求。

① 做好实验前的准备工作。实验前认真预习有关实验的全部内容和相关的参考资料，明确实验目的、理解实验原理、了解实验内容及有关操作技术；写好预习报告、列好表格、查好相关数据，以便实验过程中准确记录和数据处理。

② 实验中要保持安静，禁止大声喧哗。进入实验室时始终穿戴合适的个人防护设备，包括不露脚趾的鞋、长裤、长袖衣和实验服。避免佩戴围巾和领带，女生应将长发绑起，以防接触化学品、火源及设备。实验室不能吃东西，不允许做与实验无关的任何事情。

③ 遵从实验指导老师的指导。严格按照要求，规范操作，仔细观察实验现象并及时记录。保持实验室和实验台面整洁，仪器药品放置有序，注意节约，按规定量取试剂。从试剂瓶中取出样品后不得再放入原瓶中，以免带入杂质。试剂瓶用过后应立即盖上塞子，放回原处。废液应放在指定容器中。废弃物不得丢入水槽，应放在指定的地点。

④ 使用化学品前应仔细阅读其标签。

⑤ 爱护公共器材。注意节约水、电、试剂。仪器损坏，必须按照赔偿制度处理。使用精密仪器时，应先了解其性能和操作方法，要严格遵守操作规程，发现故障，立即停用并告知老师。

⑥ 实验结束后，及时将使用过的玻璃器皿洗刷干净，仪器复原，填写仪器

使用登记卡，整理实验台面，并报告指导教师，经教师允许后方可离开实验室。每次实验后学生轮流值日负责打扫，保持实验室整洁和安全。

二、安全知识

1. 实验室安全守则

① 严格遵守实验室各项规章制度，保持实验室的整洁与安全，注意实验台面和仪器的整洁。

② 注意安全，严格按照规范进行操作。避免浓酸、浓碱等腐蚀性试剂溅到皮肤、衣服或鞋袜上。稀释浓硫酸时，将浓硫酸沿玻璃棒缓慢注入水中，并不断搅拌，严禁将水倒入浓硫酸中。会产生刺激性或有毒气体的实验，应在通风橱中进行操作，禁止直接加热。装过强腐蚀性、易爆或有毒物质的容器，应由操作者及时清洗。

③ 有毒药品如铬盐、钡盐、铅盐、砷的化合物、汞的化合物等，特别是氰化物不得进入口内或接触伤口。实验过程中产生的有毒、腐蚀性废液不能直接倒入水槽，应按教师要求专门收集，统一无害化处理。

④ 禁止用手直接取用试剂，试剂切忌入口，实验器皿禁作食具。嗅闻气体时，鼻子不能直接对着试管口或瓶口，应采用扇闻的方法。离开实验室前要仔细洗手。

⑤ 加热时，不能将容器口朝向自己或他人，不能俯视正在加热的液体。

⑥ 乙醚、乙醇、丙酮、苯等有机易燃物质的安放和使用必须远离明火，取用完毕后应立即盖紧瓶塞和瓶盖。

⑦ 水、电、煤气等使用完毕后应立即关闭，离开实验室前应仔细检查水、电、煤气及门、窗等是否关好。

2. 实验室意外事故的急救处理

① 玻璃割伤：应仔细检查。若一般轻伤，先用消毒过的镊子仔细取出伤口中的玻璃碎片，挤出污血，用蒸馏水洗净伤口并涂上碘酒，用纱布包扎；若伤情严重，血流不止，立即用绷带在伤口与心脏之间距伤口10cm处扎紧，使伤口停止流血，立即就医。

② 高温烫伤：用大量清水冲洗，再用冰块降温，擦烫伤药膏；若伤势严重，立即就医。

③ 酸灼伤：酸溅在皮肤上，先用大量清水冲洗，然后用5%碳酸氢钠溶液清洗，再涂上烫伤药膏。若为浓硫酸灼伤，先用棉布吸去皮肤上的酸液，再用大量流动的清水冲洗至少15min，冲洗后一般不用中和剂，必要时用5%碳酸氢钠溶液处理创面，中和后用大量流动的清水冲洗，并立即就医。若酸溅入眼内或口中，用清水冲洗后，再用2%碳酸氢钠溶液清洗，并立即就医。

④ 碱溅伤：碱溅在皮肤上，立即用大量清水冲洗，再用2%乙酸溶液或5%硼酸溶液清洗，涂凡士林或烫伤药膏；若溅入眼内或口中，用清水冲洗后，立即就医。

⑤ 误食有毒试剂：一般服用肥皂水或蓖麻油，并用手指插入喉部进行催吐，然后立即就医。

⑥ 触电的预防与处理：使用电器时，应防止人体与电器导电部分直接接触，不能用湿手或用手握湿的物体接触电插头。实验结束后应切断电源，再将连接电源的插头拔下。若触电立即切断电源，必要时对伤员进行人工呼吸。

⑦ 火灾：一旦发生火灾，视可燃物性质选择灭火方法。若是有机液体着火，用湿抹布盖灭；若是木质或常见固体可燃物，可选择灭火器灭火；钠等活泼金属着火，应用砂子灭火；电线着火，切断电源后用干粉灭火器灭火，切记不能用水。

三、实验室用水

在化学实验中，洗涤仪器、配制溶液、溶解试样等都要用水。水分为自来水和纯化水两种。洗涤仪器时，先用自来水冲洗，再用纯化水刷洗内壁2~3次。

1. 实验用水规格及技术指标

纯化水是分析化学实验中最常用的纯净溶剂和洗涤剂，应根据所做实验对水质量的要求，合理地选用不同规格的纯化水。我国实验室用水的国家标准（GB/T 6682—2008）规定了实验室用水的级别、技术指标、制备方法及检验方法，将分析化学实验室用水分为三个级别，见表1-1。

表1-1 实验室用水的级别和主要技术指标

名称	一级	二级	三级
pH值范围（25℃）	—	—	5.0~7.5

续表

名称	一级	二级	三级
电导率（25℃）（mS/m）	≤0.01	≤0.10	≤0.50
可氧化物质含量（以 O 计）/(mg/L)	—	≤0.08	≤0.4
吸光度（254nm，1cm 光程）	≤0.001	≤0.01	—
蒸发残渣（105℃±2℃）含量/(mg/L)	—	≤1.0	≤2.0
可溶性硅（以 SiO_2 计）含量/(mg/L)	≤0.01	≤0.02	—

注：1. 由于在一级水、二级水的纯度下，难于测定其真实的 pH 值，因此，对一级水、二级水的 pH 值范围不做规定。

2. 由于在一级水的纯度下，难于测定可氧化物质和蒸发残渣，对其限量不做规定。可用其他条件和制备方法来保证一级水的质量。

2. 水的选用

应根据实验对水质量的要求，合理选用适当级别的水，并注意节约用水。通常一级水用于要求严格的化学分析实验；仪器分析实验一般用二级水，如原子吸收光谱分析用水、高效液相色谱分析用水等；三级水用于一般的化学分析实验。

3. 纯化水制备方法

① 蒸馏法。将自来水用蒸馏器蒸馏可得到蒸馏水。蒸馏水仍含有一些杂质，如含有少量金属离子、二氧化碳等杂质，为了获得比较纯净的蒸馏水可进行重蒸馏。为消除蒸馏水中的有机物，可在硬质玻璃或石英蒸馏器中加入适量碱性高锰酸钾进行二次蒸馏，收集中段的重蒸馏水。

② 离子交换法。用离子交换法制取的纯化水也叫"去离子水"或"脱离子水"，将自来水或普通蒸馏水依次通过阳离子交换树脂、阴离子交换树脂和阴阳离子混合交换树脂，分离除去水中的杂质离子。离子交换法得到的水比蒸馏水纯度高，操作技术较易掌握，成本比蒸馏法低，是目前化学实验室中最常用的方法。

③ 电渗析法。电渗析法制纯化水是利用离子交换膜的选择性，在外加直流电场作用下，应用阴、阳离子交换膜对溶液中离子的选择性透过而除去杂质离

子的方法。

④ 超纯水的制备。可采用超纯水制造装置来制备超纯水，以满足实验的要求。

四、化学试剂及有关知识

1. 化学试剂的规格

化学试剂的规格又称试剂级别，反映试剂的质量，通常按试剂的纯度、杂质的含量来划分。我国的化学试剂标准有国家标准（GB）、化工部标准（HG）和企业标准（Q/HB）三种级别。实验室常用的化学试剂主要是优级纯、分析纯、化学纯和实验试剂四种，其级别、代号、标签颜色和适用范围见表1-2。

表1-2 化学试剂的规格

级别	名称	英文名称	代号	标签颜色	适用范围
一等品	优级纯（保证试剂）	guaranteed reagent	GR	绿色	精密分析和科学研究
二等品	分析纯（分析试剂）	analytical reagent	AR	红色	重要分析和一般性研究工作
三等品	化学纯	chemical pure	CP	蓝色	一般定性和化学制备
四等品	实验纯（医用）	laboratory reagent	LR	棕色	一般化学制备

此外，还有各种特定用途的试剂，如高纯试剂、基准试剂、色谱纯试剂、光谱纯试剂等，其代号和适用范围见表1-3。

表1-3 专用化学试剂的代号及适用范围

规格	代号	适用范围
高纯试剂	EP	用于微量或痕量分析

续表

规格	代号	适用范围
基准试剂	PT	配制或标定标准溶液
pH 基准缓冲试剂	无	配制 pH 标准缓冲溶液
色谱纯试剂	GC	气相色谱分析专用
	LC	液相色谱分析专用
指示剂	Ind	配制指示剂溶液
生化试剂	BR	配制生物化学检验试液
生物染色剂	BS	配制微生物标本染色液
光谱纯试剂	SP	用于光谱分析

不同规格的试剂价格相差很大，一般纯度越高，价格越贵。在实验过程中，应依据分析任务、分析方法和对分析结果准确度的要求等合理选择相应级别的试剂，既不超规格造成浪费，又不随意降低规格而影响分析结果的准确度。在满足实验要求的前提下，选用试剂的级别就低不就高。

2. 化学试剂的保管

化学试剂存放不当可能会引起质量和组分的变化，不仅造成浪费，甚至会引起事故。常见化学试剂变质的原因包括氧化、吸收二氧化碳、湿度的影响、挥发和升华、见光分解和温度的影响等。因此，应根据试剂的不同性质采取不同的保管方法。实验室应配备有防尘、防止各种有害气体侵蚀的专用玻璃试剂柜。实验室分装化学试剂，一般将固体试剂装在广口瓶中，液体试剂或配制的溶液装在细口瓶或滴瓶中。

① 一般的单质和无机盐类的固体，应保存在通风良好、干净、干燥的房间里，以防止被水分、灰尘和其他物质污染。

② 易水解的试剂应严格密封保存或放置于干燥器中保存。

③ 易挥发、易氧化、易风化或易潮解的不稳定试剂应注意瓶口的密封，使用后应重新用石蜡密封瓶口。易受热分解的试剂和易挥发的试剂应保存在阴凉通风处。

④ 见光会逐渐分解的试剂如硝酸银、高锰酸钾等，应放在棕色瓶内并置于冷暗处保存。

⑤ 容易侵蚀玻璃而影响纯度的试剂，如氢氟酸、含氟盐（氟化钾、氟化钠）和苛性碱（氢氧化钾、氢氧化钠）等，应保存在聚乙烯塑料瓶或涂有石蜡的玻璃瓶中。

⑥ 易燃易爆的试剂应分开贮存在阴凉通风、不受阳光直射的地方。极易挥发并有毒的试剂可放在通风橱内，当室内温度较高时，可放在冷藏室内保存。

⑦ 易相互作用的试剂如挥发性的酸与氨、氧化剂与还原剂，应分开存放。剧毒试剂如氰化钾、氰化钠、二氯化汞、三氧化二砷等，必须存放于专用的毒品库中，由专人妥善保管，严格执行取用手续，以免发生事故。

五、实验室的"三废"处理

党的二十大报告要求全面实行排污许可制，健全现代环境治理体系。化学实验应尽可能选择对环境友好的实验项目，但在实验过程中难免产生废气、废液和固体废弃物（简称"三废"）。如直接排放"三废"，必然会对环境造成污染。因此在化学实验过程中有必要对"三废"进行合理处理，树立环境保护意识和绿色化学理念。

1. 废气的处理

实验室中只要可能产生废气的操作都应在有通风装置的条件下进行。少量有毒气体可通过通风橱或通风管道排出室外，可经空气稀释排出。大量有毒气体必须安装气体吸收或处理装置进行处理。常用的废气处理方法有以下两种方法。

① 溶液吸收法　该法是采用适当的液体吸收剂处理气体混合物，除去其中有害气体的方法。常用的液体吸收剂有水、碱性溶液、酸性溶液，它们可用于净化含有 NO_x、HCl、SO_2、SiF_4、NH_3、汞蒸气、酸雾、沥青烟和各种组分有机物蒸气等的废气。如 NO_2、SO_2、Cl_2、H_2S、HF 等可用导管通入碱液中使其大部分吸收后排出；NH_3 等碱性气体用酸性溶液吸收后排放。

② 固体吸收法　是将废气与固体吸收剂（如活性炭、硅胶、分子筛、活性氧化物等）接触，废气中的污染物被固体吸收剂表面吸附，从而被分离出来。

该法主要用于废气中低浓度的污染物的净化。

2. 废液的处理

化学实验室产生的废弃物主要为废液,对有回收价值的废液应收集起来统一进行处理,再回收利用。无回收价值的有毒废液应根据溶液的性质分别处理。实验室应配备收集酸、碱、有机溶剂等废液的回收桶。有害化学废液集中回收时应注意检查回收桶液面高度,不得超过容器的2/3。要及时做好废物收集和处理登记或记录,内容包括废物名称、数量、主要有害特征等有关信息。

废物处理时,要注意使用防护眼镜、手套等个人防护工具。应在通风橱中处理能产生有毒蒸气的废液。下面简要介绍实验室废液中废酸、废碱液的具体处理方法。

原则上应分别收集酸、碱类废液。对于酸类废液用碳酸钠或氢氧化钙的水溶液中和,或用废碱中和至pH值6.5~7.5,中和后用大量水冲稀排放。氢氧化钠、氨水等碱类废液用稀废酸中和至pH值6.5~7.5后,再用大量水冲稀排放。

3. 固体废弃物的处理

实验室产生的固体废弃物包括多余样品、难溶性产物、破损的实验用品(如玻璃器皿)、纸屑及残留或失效的化学试剂等。固体废弃物不得与生活垃圾混倒。通常可回收利用的经无害化回炉(收)统一集中处理,不能回收利用的统一收集后,通过热处理(如焚化、热解、熔融等)、加稳定剂、固化、深度掩埋法加以处理。在不具备独立进行相应处理条件时,可集中收集废水和固体废弃物,交于专门的处理机构处理。

六、溶液的配制

在化学实验中,因化学反应的性质和要求的不同,经常需要配制各种溶液,来满足实验的要求。常用的溶液主要有一般溶液、标准溶液和缓冲溶液。

1. 一般溶液的配制

实验室一般溶液是指非标准溶液,即浓度不需要十分准确的溶液,一般用化学纯或实验试剂配制溶液。配制时固体试剂用托盘天平或百分之一天平称量,液体试剂或溶剂用量筒量取。常采用1:1(1+1)、1:2(1+2)等体积比表示浓度。例如，配制1∶1 H_2SO_4 溶液，可量取1体积浓硫酸与1体积纯化水混合均匀。

2. 标准溶液的配制

标准溶液是已知准确浓度的溶液。其配制方法通常有两种：直接法和间接法。

① 直接法：准确称取一定质量的物质，经溶解后定量转移到容量瓶中，并稀释至刻度，摇匀。配制标准溶液的物质必须是基准试剂或高纯试剂。

② 间接法：先粗配近似浓度的溶液，再用基准物质或已知准确浓度的标准溶液标定其准确浓度。大多数标准溶液采用间接法配制。

标准溶液浓度的标定方法有两种：

① 用基准物质直接标定：准确称取一定量的基准试剂，溶解后用待标定的溶液进行滴定。根据基准试剂的质量和待标定溶液的体积计算出标准溶液的准确浓度。或者先将基准试剂在容量瓶中配制成一定浓度的溶液，然后用移液管准确移取一定体积，用待标定的溶液滴定。

② 用已知准确浓度的标准溶液标定：移取一定量待标定的溶液，用已知准确浓度的标准溶液滴定；或移取一定量已知准确浓度的标准溶液，用待标定的溶液滴定。根据标准溶液的浓度和两种溶液所消耗的体积，计算所标定溶液的浓度。

为了减少标定的误差，在操作过程中应注意：

① 基准试剂称取的量不宜太少。考虑到分析天平的称量误差为±0.1mg，每次滴定称取的基准试剂应不少于100mg，才可以减少称量误差。

② 标定时所用标准溶液的体积不宜太小。标准溶液的消耗量，除另有规定外，应大于20mL，读数应精确到0.01mL。

滴定液在配制后应按《中华人民共和国药典》（简称《中国药典》）规定的贮藏条件贮藏，一般采用质量较好的具玻璃瓶塞的玻璃瓶。应在滴定液贮瓶外的醒目处贴上标签，写明滴定液名称及其浓度，并在标签下方加贴包含如下内容的表格，按照记录填写。

×××滴定液（×.××××mol/L）

配制或标定日期	室温	浓度或校正因子（值）	配制者	标定者	复标者

3. 饱和溶液的配制

配制某固定试剂的饱和溶液时，应先按该试剂的溶解度数据计算出所需的试剂量和纯化水量，称量出比计算量稍多的固体试剂，磨碎后加入水中，长时间搅动至固体不再溶解为止。对于溶解度随温度升高而增大的固体，可加热至高于室温（同时搅拌），再让溶液冷却下来，多余的固体析出后所得到的溶液便是饱和溶液。加热配制的原因：①因为升温可以加速溶解（同时还要搅拌），可以节省配制的时间；②由于配制好的溶液所处的环境温度不稳定，有时会较低，加热配制并冷却后能确保所配制的溶液是饱和溶液，该方法不影响实验效果，比较稳妥。

若配制 H_2S、Cl_2 等气体的饱和溶液，只要在常温下把产生的 H_2S、Cl_2 气体通入纯化水中一段时间即可。

4. 缓冲溶液的配制

在实际工作中，常需要配制一定 pH 的缓冲溶液，根据不同需要和要求，可以选择不同的缓冲体系。常用缓冲溶液的配制方法见附录 3。

七、实验数据的记录和实验报告

1. 实验数据的记录

实验原始数据是做实验时候记录的实验参数、设置，以及实验的结果，都是可以直接获得的，不是经过计算处理得到的数据。因此实验原始数据的记录是若干年后可被查阅的永久记录，也是科研和撰写论文的原始记录。学生在实验过程中应该按照下面的要求认真记录实验数据。

① 应使用编有页码的笔记本记录原始数据，不得撕去其中任一页。不可随意记录在书上或纸上，必须实事求是。

② 记录内容有实验过程、现象、仪器、试剂及用量等，实验过程涉及各种特殊仪器的型号和标准溶液浓度时，应及时准确记录，不得随意拼凑和伪造数据。

③ 记录的实验数据保留有效数字的位数与所用的仪器准确程度相匹配。

④ 实验中的数据应记录完整，如果发现数据记录错误或计算错误需要改动的，可用一横线划去该数据，在上方写上正确的数字，并由更改人在数据旁签字。不可涂改，不得使用修正液，同时应保证所有数据的可读性。

2. 分析数据的处理

在多次重复测量时，有时会出现一个数值明显偏离同一样本的其他分析结果，这个数据叫离群值（可疑值）。离群值若是由于过失原因产生应该舍弃，若是原因未确定则不能随意舍弃，而要用统计的方法做出判断，再决定取舍。常用的有 Q 检验法和 G 检验法。

(1) Q 检验法

当测定次数为 3～7 次时，将多次测量值按递增顺序排列为：x_1，x_2，x_3，…，x_{n-1}，x_n。

其中 x_1 或 x_n 可能是可疑值，计算统计 $Q_{计}$ 值。

若 x_1 是可疑值，则：

$$Q_{计} = \frac{x_2 - x_1}{x_n - x_1} \tag{1-1}$$

若 x_n 是可疑值，则：

$$Q_{计} = \frac{x_n - x_{n-1}}{x_n - x_1} \tag{1-2}$$

根据置信度 P 和测量次数 n，由表 1-4 查出 $Q_{表}$。

若 $Q_{计} \geqslant Q_{表}$，可疑值应舍去；若 $Q_{计} < Q_{表}$，可疑值应保留。

表 1-4　Q 值表

n	3	4	5	6	7	8	9	10
$Q_{90\%}$	0.94	0.76	0.64	0.56	0.51	0.47	0.44	0.41
$Q_{95\%}$	0.97	0.84	0.73	0.64	0.59	0.54	0.51	0.49

(2) G 检验法

将多次测量值按递增顺序排列为：x_1，x_2，x_3，…，x_{n-1}，x_n。其中 x_1 或 x_n 可能是可疑值，计算统计 $G_{计}$ 值。

计算包括可疑值在内的所有测量值的平均值（$\bar{x}$）和标准偏差（S）。

若 x_1 是可疑值，则：

$$G_{计} = \frac{\bar{x} - x_1}{S} \tag{1-3}$$

若 x_n 是可疑值，则：

$$G_{\text{计}} = \frac{x_n - \bar{x}}{S} \tag{1-4}$$

根据置信度 P 和测量次数 n，由表 1-5 查出 $G_{\text{表}}$。

若 $G_{\text{计}} \geqslant G_{\text{表}}$，可疑值应舍去；若 $G_{\text{计}} < G_{\text{表}}$，可疑值应保留。

表 1-5 G 值表

n	3	4	5	6	7	8	9	10
$G_{95\%}$	1.15	1.46	1.67	1.82	1.94	2.03	2.11	2.18
$G_{99\%}$	1.15	1.49	1.75	1.94	2.10	2.22	2.32	2.41

3. 误差和偏差

（1）误差与准确度

准确度是指测定值与真实值之间符合的程度，通常用误差大小表示。误差越小，测定值越准确。一般可用绝对误差（E）和相对误差（RE）表示。

绝对误差 E 是指测定值 x_i 与真实值 x_t 之间的差值：

$$E = x_i - x_t \tag{1-5}$$

相对误差（RE）是指绝对误差 E 在真实值中所占的百分率。

$$RE = \frac{E}{x_t} \times 100\% \tag{1-6}$$

绝对误差与测量值的大小无关，而相对误差与测量值的大小有关。测量值越大，相对误差越小，因此用相对误差来表示分析结果的准确度更合理。在实际分析工作中，真实值往往未知，无法计算准确度，故通常用精密度来表示分析结果。

（2）偏差与精密度

精密度是指测量值与平均值相互接近程度，即指各次测量值相互接近的程度，通常用偏差表示。偏差越小，反映测定结果的精密度越高。通常可用绝对偏差（d_i）、相对偏差（Rd）、平均偏差（$\bar{d}$）、相对平均偏差（$\overline{Rd}$）、标准偏差（S）、相对标准偏差（RSD）来表示。

绝对偏差（d_i）是指个别测定值 x_i 与平均值 $\bar{x}$ 之差。

$$d_i = x_i - \bar{x} \tag{1-7}$$

相对偏差（Rd）是指绝对偏差（d_i）在平均值 $\bar{x}$ 中所占的百分率。

$$Rd = \frac{d_i}{\bar{x}} \times 100\% = \frac{x_i - \bar{x}}{\bar{x}} \times 100\% \tag{1-8}$$

平均偏差（$\bar{d}$）是指一组测定结果的绝对偏差的绝对值的平均值。

$$\bar{d} = \frac{1}{n}\sum_{i=1}^{n}|d_i| \tag{1-9}$$

相对平均偏差（$R\bar{d}$）是指平均偏差 $\bar{d}$ 在平均值 $\bar{x}$ 中所占的百分率。

$$R\bar{d} = \frac{\bar{d}}{\bar{x}} \times 100\% = \frac{\sum_{i=1}^{n}|d_i|}{n\bar{x}} \times 100\% \tag{1-10}$$

标准偏差是多次测量值（n 趋向无限大）的总体标准偏差，用来衡量数据的离散程度和测定的精密度，突出较大偏差对测定结果重现性的影响。对于有限次测量值（$n<20$）的样本标准偏差用 S 表示：

$$S = \sqrt{\frac{\sum_{i=1}^{n}(x_i - \bar{x})^2}{n-1}} \tag{1-11}$$

相对标准偏差（RSD）是指标准偏差（S）在平均值 $\bar{x}$ 所占的百分率：

$$RSD = \frac{S}{\bar{x}} \times 100\% = \frac{\sqrt{\dfrac{\sum_{i=1}^{n}(x_i - \bar{x})^2}{n-1}}}{\bar{x}} \times 100\% \tag{1-12}$$

滴定分析测定常量组分时，分析结果的相对平均偏差一般应小于 0.2%。

必须指出，分析结果精密度高并不一定表示准确度高，而准确度高不一定精密度高。

4. 有效数字及运算规则

在科学实验中不仅要准确测定各类数据，还要正确记录和计算，才能得到准确的测量结果。分析结果的数值不仅表示试样中被测组分含量多少，而且还反映测定的准确程度。

（1）有效数字

有效数字是在分析工作中能实际测量得到的数字，包括全部准确测量的数字和最后一位可疑数字。其中最后一位可疑数字能反映测量仪器的精度。例如，万分之一的分析天平称量某试样是 0.5015g，其中 0.501 是准确无误的，最后一位"5"即 0.5mg 是根据分析天平准确度 ±0.1mg 估计的，该试样质量为 (0.5015±0.0001) g。比如滴定液体积记录为 22.17mL，表明滴定管的一次读数误差是±0.01mL，消耗滴定液体积为（22.17±0.01）mL，为四位有效数字。

确定有效数字的位数，要注意以下几点：

① 具体数字1至9均为有效数字，具体数字中间或之后的"0"也是有效数字。如20.10mL中的两个"0"均为有效数字；在具体数字之前的"0"不是有效数字，只起定位作用。如0.0035前面三个"0"都不是有效数字。

② 对数有效数字的位数只取决于小数点后面数字的位数，整数部分只相当于原数值的几次方，不是有效数字。如pH=10.28、pK_a=4.75，有效数字均为两位。

③ 数学上的常数e、π以及计算中的倍数或分数、化学计量关系以及各类常数是非测量所得数字，应视为无误差数字或无限多位有效数字。

④ 有效数字首位数字等于或大于8时，其有效数字可多记一位。

⑤ 对于很小或很大的数字，可以采用科学记数法，其中指数部分表示数字的大小，指数前的部分为有效数字。如0.00035，可写成3.5×10^{-4}。

（2）有效数字的修约

有效数字的修约，采用"四舍六入五留双"原则，该原则规定：

① 被修约数字小于或等于4时，舍去；等于或大于6时，进位。如1.2637，修约为三位有效数字，应写成1.26。

② 被修约数字等于5时，若5后还有不为0的数字，则进位。5后无数字或全为零，则看5前一位是奇数还是偶数，若为奇数，则进位；若为偶数则舍去。如1.455121修约为三位有效数字，应写成1.46；1.5450修约为三位有效数字，应写成1.54。

③ 只允许对原数据一次修约至所需位数，不能分次修约。如2.3556修约为三位有效数字不能先修约为2.356，再修约为2.36。

另外，在计算偏差或误差时，通常只取一位有效数字，最多取两位有效数字，其结果采用使精密度降低的原则，即采用只进不舍。例如，某计算结果的标准偏差为0.211，取两位有效数字，应修约为0.22。

（3）有效数字的运算规则

① 加减运算：加减法的和或差的误差是以各数值的绝对误差来传递的，即若干个测量值相加或相减的结果，以小数点后位数最少（绝对误差最大）的数据为准。例如2.354+1.25+1.2=4.8，计算结果以第三个数据1.2为依据。

② 乘除运算：乘除法的积或商是以各数值的相对误差来传递的。若干个测量值相乘或相除的结果应以有效数字位数最少（相对误差最大）的数据为准。

例如：
$$= 6.64 \times 0.23\underline{1} = 1.5\underline{3384} = 1.53$$

5. 实验报告的基本格式

实验报告是实验教学的重要组成部分。实验完毕要及时认真地完成实验报告，在指定时间交给老师。实验报告一般包括以下内容：

① 实验名称和日期。

② 实验目的和要求。

③ 实验原理。介绍有关实验的基本理论，包括反应方程式、反应机理等。

④ 实验仪器和试剂。

⑤ 实验操作步骤与现象记录。实验步骤简明扼要；实验现象如实记录，不主观臆造和抄袭；步骤和现象一一对应，表述专业准确，简单明了，字迹清晰整洁。

⑥ 数据记录和处理。采用文字、表格、图形的方式将数据表示出来，根据实验要求计算分析结果和实验误差。

⑦ 问题讨论。对教材中的思考题和实验中观察到的现象以及产生误差的原因进行讨论和分析。

实验报告中的原理、表格及计算公式等要求在课前预先准备好。每次实验结束后应先将实验的结果交给指导教师审阅后再进行计算，并撰写实验报告。

6. 实验数据的处理及分析结果的表达

实验过程不仅要正确记录实验数据，还应对原始的实验数据进行科学的数学运算、归纳、整理和总结。实验数据的表示方法有列表法和作图法等，应显示实验数据间的相互关系、变化趋势等相关信息，反映各变量之间的定量关系。

（1）列表法

列表法是将有关数据及计算按一定形式列成表格，简单明了。设计表格的注意事项：

① 设计的每一个表格都应该有相对应的表格序号及表格名称，表格名称要具体简明。

② 在表格中每一行、每一列的第一栏都应该写出本行或本列数据的名称和单位。

③ 表格中记录的数据应用最简单的形式记录。公共的乘方因子应该在第一栏的名称下注明。

④ 表格中每一行的数字记录都要排列整齐，如果有小数，小数点应对齐。

(2) 作图法

作图法是将实验数据各变量之间的变化规律绘制成图，能够直观地反映实验数据间的变化规律。作图之前先将实验测得的原始数据与处理结果用列表法表示出来。

① 坐标轴：横轴代表自变量，纵轴代表因变量。在轴的中部注明物理量的名称符号及单位。横、纵坐标不一定从"0"开始，根据具体实验数据范围来确定。

② 比例尺度的选择：保证图上观测点的坐标读数的有效数字位数与实验数据的有效数字位数相同，即全部的有效数字都在坐标纸的刻度上表示出来，原则上保证与原始数据的精密度一致。因为曲线的形状随比例尺的改变而改变，合理地确定实验数据的倍数才能得到最佳的图形和实验结果。图形过大浪费纸张和版面；图形过小，当曲线有极大值、极小值或转折点时就不能很好地反映出来。在作图时使用的单位坐标格应代表变量的简单整数倍，例如用坐标 1cm 表示数量的 1、2 或 5 的倍数，而不是 3、7、9 的倍数。尽量不使数据群落点偏上或偏下，不使图形细长或扁平。若作出的图是一条直线，直线与横坐标的夹角应为 45°左右。对每个坐标轴，在相隔一定距离下用整齐的数字注明分度。

③ 描点：根据实验数据将各点画在图上。在点的周围以圆圈、三角、方块、十字等不同的符号在图上标出。要求点清晰，不能用图形盖过点。在一张图纸上表示几组不同的测量值时，应用不同的符号表示各组测量值的代表点，并在图上说明以便区分。描绘曲线需要有足够的数据点，点数太少不能说明参数的变化趋势和相应关系。对于一条直线，一般要求至少有 4 个点；一条曲线通常应有 6 个点以上。

④ 连曲线：连线时要纵观所有数据点的变化趋势，用曲线尺作出尽可能接近实验点的曲线，曲线应光滑、细而清晰，如是直线可用直尺。曲线不需要连接所有的点，但是尽可能地接近（或贯穿）大多数的实验点，即图中的点应均匀地分布在图形的两侧。点和曲线间的距离表示测量误差。

⑤ 写明图线特征：利用图上的空白位置注明实验条件和从图纸上得出的某些参数，如截距、斜率、极大值、极小值、拐点和渐近线等。如果需要通过计算求某一特征量，图上还需标出被选点的坐标及计算结果。

⑥ 标注图名：作出的每一个图都应该有简单的标题，在图纸下方或空白处标出，最后写上实验者姓名、实验日期。

(3) 计算机处理法

目前常用的计算处理软件有 Excel 电子表格和 Origin 软件等，能处理一些数据、绘图或取得数学方程。

八、化学实验文献和手册的查阅

实验操作者在进行化学实验时经常需要查阅相关手册和文献，可以开阔视野，提高分析问题和解决问题的能力。

1. 工具书

① *Handbook of Chemistry and Physics*。该书是一本全英文的《化学与物理手册》，于 1913 年首次出版，2021 年已经出版至第 102 版。全书分 6 个部分：数学用表、元素和无机化合物、有机化合物、普通化学、普通物理常数和其他、主题索引。书中第三部分是有机化合物，主要列出常见有机化合物（有机化合物按照母体英文名称的字母顺序排列，母体名后的基团名称按字母顺序排列）的物理常数，如有机化合物分子量、结晶形状、颜色、折射率、沸点、熔点、溶解度和相对密度等。

② *The Merck Index*。该书是一本由美国默克公司出版的化学药品大全，包括化学药品、药物和生物制品的综合性百科全书，介绍了一万多种化合物的性质、制法及用途，注重对物质药理、临床、毒理与毒性研究情报的收集，并汇总了这些物质的俗名、商品名、化学名、结构式，以及商标和生产厂家名称等资料。

③《化工辞典》（第五版）：化学工业出版社。

④《分析化学手册》：化学工业出版社。

⑤《中华人民共和国药典》（2020 年版）（简称《中国药典》）：中国医药科技出版社。

⑥《试剂手册》：上海科学技术出版社。

2. 化学文摘

化学文摘是将大量分散的各种文字的文献经过收集、摘录、分类整理而得到的一种杂志，如美国《化学文摘》（*Chemical Abstracts*，简称 CA）。CA 的索引比较完善，有期索引、卷索引，每十卷有累积索引。累积索引主要有分子式索引（formula index）、化学物质索引（chemical substance index）、普通主题索引（general index）、作者索引（author index）、专利索引（patent index）等。

3. 网上信息查询

① 利用百度、搜狗、谷歌等搜索引擎检索。

② 化学专业数据库：www.organchem.csdb.cn

③ 药典在线：https://www.drugfuture.com

第二章
化学实验基本操作技术

一、化学实验常用器皿及用具

① 容器类。主要作为反应容器和贮存容器。包括试管、烧杯、锥形瓶、烧瓶、称量瓶、分液漏斗等。可分为可加热容器和不可加热容器。

② 量器类。主要用于度量溶液体积。包括量筒、移液管、滴定管、容量瓶等。

③ 其他仪器。

化学实验常用器皿的种类及使用方法如表 2-1 所示。

表 2-1 化学实验常用器皿的种类及使用方法

仪器	规格	主要用途	使用方法和注意事项
烧杯	玻璃、塑料材质，含耐热玻璃 规格：按容量（mL）分为 25、50、100、200、500、1000 等	1. 配制溶液 2. 常温或加热条件下，较大量试剂的反应容器	1. 反应液体不超过烧杯容量的 2/3 2. 加热前需将烧杯外壁擦干，加热时烧杯底部需垫石棉网，以防烧杯受热不均匀而破裂

续表

仪器	规格	主要用途	使用方法和注意事项
试管 离心管	玻璃、塑料材质，可分为普通试管和离心管 规格：按容量（mL）分为5、10、20、50、100等	1. 常温或加热条件下，少量试剂的反应容器 2. 收集少量气体 3. 离心管用于沉淀分离	1. 一般大试管可直接加热，小试管和离心管要用水浴加热 2. 反应液体不超过试管容积的1/2，加热条件下不超过1/3 3. 加热前擦干试管外壁，加热时应用试管夹夹持，加热液体时，管口不要对人，并与桌面倾斜成45° 4. 加热固体时，管口略向下倾斜，以免冷凝水回流造成试管破裂 5. 加热后未冷却的试管，应以试管夹夹好，悬放在试管架上
平底烧瓶 圆底烧瓶	玻璃材质，分为平底、圆底、长颈、短颈、细口和粗口几种 规格：按容量（mL）分为25、50、100、200、250、500等	1. 平底烧瓶可用于配制溶液或加热，也可代替圆底烧瓶使用 2. 圆底烧瓶用于反应、加热、回流和蒸馏，优点是受热面积大，耐压性能好	1. 盛放液体量不能超过容积的2/3，以防液体溅出 2. 加热前需将外壁擦干，加热时固定在铁架台上，下垫石棉网；圆底烧瓶放在桌面上时，下面要垫木环或石棉环，以防滚动而打破

续表

仪器	规格	主要用途	使用方法和注意事项
锥形瓶 碘量瓶	玻璃材质，分为有塞、无塞、广口和细口几种 规格：按容量（mL）分为 50、100、150、250、500 等	1. 反应容器，加热时，可避免液体大量蒸发 2. 振荡方便，用于滴定操作	1. 反应液体不能超过烧杯容积的 2/3 2. 加热前，外壁要擦干，加热时，要下垫石棉网，使受热均匀
量筒	玻璃、塑料材质； 规格：按容量（mL）分为 5、10、25、50、100、200 等	用于量取一定体积的溶剂或溶液	1. 竖直放置在实验台上，读数时，视线与液面水平，不得仰视或俯视，读取与液体弯月面底相切的刻度 2. 不可加热或配制溶液 3. 不得量取热的液体

续表

仪器	规格	主要用途	使用方法和注意事项
分液漏斗	玻璃材质，分为梨形、球形、锥形几种 规格：按容量（mL）分为50、100、250、500等	1. 用于萃取操作后的分液 2. 在气体发生装置中为加液容器	1. 不能加热 2. 用前检漏，将活塞涂上薄层凡士林，以防漏水 3. 分液时，下层液体从漏斗下口流出，上层液体从上口倒出；向反应体系中滴加溶液时，下口应插入液面下 4. 漏斗上口活塞及颈部活塞，都是磨砂配套的，应用细绳系于漏斗颈上，防止滑出跌碎；萃取时，振荡初期，应多次放气，以免漏斗内压力过大
酸式滴定管 碱式滴定管	玻璃材质，分为酸式和碱式两种 规格：按容量（mL）分为25、50、100等	滴定操作时，用于准确度量滴定液的体积	1. 使用前清洗干净，并检漏，然后用待装液润洗三次 2. 滴定前注意赶尽气泡 3. 酸式滴定管和碱式滴定管不得混用 4. 读数应读至小数点后第二位

续表

仪器	规格	主要用途	使用方法和注意事项
移液管	玻璃、塑料材质 规格：按容量（mL）分为 1、2、5、10、25、50 等	用于精准移取一定体积的溶剂或溶液	1. 用前洗涤干净，并用待取液润洗三次 2. 移取液体时，先将液体吸入刻度以上，再用食指按住管口，轻轻移动放液，控制液面至刻度处，用食指紧密按住管口，移取液体至指定容器
容量瓶	玻璃材质，有白色与棕色之分 规格：按容量（mL）分为 5、10、25、50、100、150、200、250 等	配制准确浓度的溶液时用	1. 不能加热，也不能在其中溶解固体，溶质应先在烧杯内全部溶解 2. 瓶与瓶塞是配套的，不能互换 3. 不能代替试剂瓶存放溶液
滴瓶	玻璃材质，有无色透明型和棕色型之分	盛放少量液体试剂	1. 见光易分解的试剂盛于棕色瓶中 2. 使用时滴管尖不得接触其他物体，不同滴瓶的滴管不可混用 3. 不宜长期贮存试剂，特别是有腐蚀性的

续表

仪器	规格	主要用途	使用方法和注意事项
称量瓶	玻璃材质，包括高型和矮型两种 规格：按容量（mL）分为 5、10、15、20 等	准确称量一定量固体药品时用，尤其是易吸潮、易氧化、易与 CO_2 反应的试剂	1. 磨口瓶盖需要配套使用，不得混用 2. 用完洗净干燥，并在磨口处垫一小纸条 3. 不能加热
布氏漏斗 吸滤瓶	布氏漏斗为瓷质，规格：按容量（mL）分为 40、60、80、100 等 吸滤瓶为玻璃材质，规格：按容量（mL）分为 100、250、500、1000 等	两者配套，用于晶体或沉淀的减压过滤分离（水泵或真空泵降低抽滤瓶中的压力，形成压力差）	1. 不能用火直接加热 2. 滤纸要略小于漏斗内径，方能盖住漏斗所有小孔；漏斗大小与吸滤瓶要适应 3. 漏斗大小与过滤的沉淀或晶体的量要适应
蒸发皿	瓷质、石英材质，有平底和圆底两种； 规格：按容量（mL）分为 75、200、400 等	蒸发液体用	1. 能耐高温，不能骤冷 2. 蒸发溶液时，一般放在石棉网上 3. 随液体性质不同选用不同蒸发皿

续表

仪器	规格	主要用途	使用方法和注意事项
坩埚	瓷质、玻璃、石英材质,有平底和圆底两种规格;按容量(mL)分为10、15、25、50等	可用于高温加热、煅烧固体	1. 放在泥三角上直接加热或高温煅烧 2. 用坩埚钳夹取坩埚,加热完毕后,把坩埚放置在石棉网上
泥三角	由铁丝和瓷管做成	用于放置坩埚加热	1. 用前检查铁丝是否断裂,防止坩埚脱落 2. 选择泥三角时,要使搁在其上的坩埚所露出的上部,不超过本身高度1/3 3. 坩埚放置要正确,坩埚底应横着斜放在三个瓷管中的一个上 4. 灼热的泥三角不要放在桌面上,不要滴上冷水,以免瓷管骤冷破裂
三脚架	铁制品;有大小、高低之分	放置较大或较重的容器加热	1. 选择合适高度,用酒精灯外焰加热,以达到最高温度 2. 对于不能直接加热的容器,应在三脚架上垫石棉网加热 3. 不要碰刚加热过的三脚架

续表

仪器	规格	主要用途	使用方法和注意事项
表面皿	玻璃材质 规格：按直径（mm）分为45、65、75、90等	盖在容器上，防止液体溅出；晾干晶体；用作点滴反应、作盛放器皿、用于烘干或称量样品等	不能用火直接加热，以防破裂；作盖用时，直径应略大于被盖容器
铁架台	铁质	用于固定或放置反应容器，铁圈可代替漏斗架使用	1. 铁夹内应垫石棉布，夹在仪器合适位置，以仪器不脱落或不旋转为宜，不能过紧或过松 2. 固定时，仪器和铁架台的重心应落在铁架台底座中央，防止不稳而倾倒
试管夹	木质	加热试管时，夹持试管	1. 夹在试管上半部分 2. 要从试管底部套上或取下试管夹；不要用拇指按夹的活动部位，以免试管脱落；避免被火烧坏
坩埚钳	铁制品	从热源（如酒精灯、电炉、马弗炉等）中，夹持取放坩埚或蒸发皿	1. 用前要洗干净 2. 钳尖要先预热，以免坩埚因局部骤冷而破裂 3. 使用前后，钳尖应向上，放在桌面或石棉网（温度高时）上

续表

仪器	规格	主要用途	使用方法和注意事项
洗瓶	塑料材质，常用的有吹出型和挤压型两种 规格：按容量（mL）分为250、500等	用于溶液的定量转移和沉淀的洗涤和转移	用时不要污染出水管
干燥器	玻璃材质 规格：按直径（mm）分为165、220、280、320、360、450等	用于干燥易潮解变质试剂药品、精密金属元件、显微镜镜头以及称量瓶等	1. 在干燥器底部放入干燥剂（变色硅胶、浓硫酸或无水氯化钙等），再将待干燥的物质放在瓷板上 2. 在干燥器边缘处涂一层凡士林，将盖子盖好后沿水平方向摩擦几次，即可进行干燥 3. 打开干燥器盖子时一只手扶住干燥器，另一只手将干燥器盖子水平移动 4. 干燥器内的干燥剂要按时更换
药匙	金属或塑料材质，有大小、长短之分	主要用于取固体试剂	1. 药匙的大小根据取用药品的多少和试剂瓶口的尺寸决定 2. 用后及时清洁干净，污染状态下不能使用

续表

仪器	规格	主要用途	使用方法和注意事项
点滴板	瓷质，分白色和黑色两种 规格：按所含凹穴位多少分为十二、九、六凹穴等	用于点滴反应，一般不需分离的沉淀反应，尤其是显色反应	白色沉淀用黑色板，有色沉淀用白色板

二、玻璃仪器的洗涤和干燥

1. 玻璃仪器的洗涤

玻璃仪器的洗涤是化学实验中重要而又基本的步骤，使用不干净的仪器会影响实验结果。实验前后要认真清洗仪器，并用纯化水荡洗。玻璃仪器清洗干净的标准是用水清洗后，仪器内部形成均匀的水膜，不成股流下也不聚成水滴。洗净的仪器不能用布或纸擦干，以免纤维残留在器壁上，污染仪器。

洗涤仪器的方式可根据实验的要求、污染物性质、仪器种类和形状来选择。洗涤方式主要包括水洗、洗涤剂洗、洗液洗和超声波洗等。

① 水洗。用自来水和试管刷刷洗，除去仪器上的灰尘、可溶性和不溶性物质，再用纯化水荡洗。用纯化水荡洗时应使用洗瓶，挤压洗瓶使其喷出一股细水流，均匀地喷射到仪器内壁，不断转动仪器，再倒掉水，重复三次即可。

② 洗涤剂洗。如果玻璃仪器比较脏，可选用粗细、大小、长短等合适型号的毛刷，蘸取洗衣粉、洗洁精、去污粉、肥皂水等，转动毛刷刷洗仪器内壁，可有效除去油污和有机物，再用自来水冲洗，最后用纯化水荡洗三次。

③ 洗液洗。对于不能用常规洗涤剂洗净的仪器，例如滴定管、移液管、容量瓶等容量仪器，可用洗液洗。洗液洗步骤如下：仪器先用水洗，并尽量倒掉仪器中残留水分，以免稀释和浪费洗液。清洗时加入洗液的量为容器总容积的1/3，使仪器倾斜并慢慢转动，让仪器内壁全部被洗液润湿，然后将洗液回收到原瓶。对污染严重的仪器可用洗液浸泡一段时间或用热洗液洗涤。倾出洗液后，再用自来水洗，最后用纯化水荡洗。绝不允许将毛刷放入洗液中。使用洗液时

要注意安全，不要溅在皮肤、衣物上。

④ 超声波洗。利用超声波在液体中的空化作用、加速度作用及直进流作用，对液体和污物直接或间接作用，使污物层被分散、乳化、剥离而达到清洗目的。清洗效率高、效果好。

2. 常见洗液的配制方法和注意事项

① 铬酸洗液的配制。称取 $K_2Cr_2O_7$ 固体 25g，溶于 50mL 纯化水中，冷却后向溶液中慢慢加入 450mL 浓 H_2SO_4（注意安全），边加边搅拌。注意切勿将 $K_2Cr_2O_7$ 溶液加到 H_2SO_4 中。冷却后贮存在试剂瓶中备用。铬酸洗液呈暗红色，具有强酸性、强腐蚀性和强氧化性，对具有还原性的污物如有机物、油污有很强的去污效果。装洗液的瓶子要盖好，以防吸潮，洗液在洗涤仪器后要回收重复使用，多次使用后若发现颜色变绿，说明已经失去去污能力，不能再使用。

② 碱性高锰酸钾洗液。称取 $KMnO_4$ 固体 10g，溶于 30mL 纯化水中，再加入 100mL 10% NaOH 溶液，混合均匀即可使用。

③ 王水。1 体积浓硝酸和 3 体积浓盐酸的混合溶液，使用时在通风橱中进行，现用现配。

3. 玻璃仪器的干燥

玻璃仪器的干燥是开展化学实验的重要环节。其中烘箱烘干是主要的仪器干燥方法。需要注意的是，一般带有刻度的计量仪器如移液管、容量瓶、滴定管等不能用加热的方法干燥，会影响精密度。

常用的干燥方法有：

① 晾干。将洗净的仪器倒置在干燥的仪器架或仪器柜上，利用仪器上残存水分的自然挥发而使仪器干燥，倒置可以防止灰尘落入。

② 烘干。将洗净的仪器有序放置在电热恒温干燥箱（简称烘箱）内加热烘干。放置时应注意平放或使仪器口朝上，带塞的瓶子应打开瓶塞，并在烘箱的最下层放一搪瓷盘，盛接从仪器上滴下来的水。一般在 105℃ 加热半小时即可干燥。最好让烘箱降至常温后再取出仪器。

③ 烤干。通过加热使水分迅速蒸发而使仪器干燥。此法常用于可加热或耐高温的仪器，如烧杯、蒸发皿、试管等。加热前先擦干仪器外壁，置于石棉网上用小火烤干，试管烤干时应使管口向下倾斜，以免水珠倒流炸裂试管。烤干时应从试管底部开始，慢慢移向管口，待水珠消失后，将管口朝上，使水蒸气

逸出。

④ 吹干。用热或冷的空气流将玻璃仪器吹干，所用仪器是吹风机，可以先用吹风机的热风吹玻璃仪器的内壁，待干后再吹冷风使其冷却。也可以先用易挥发的溶剂如乙醇、乙醚、丙酮等淋洗玻璃仪器，再倒净淋洗液，用吹风机按照冷风-热风-冷风的顺序吹，效果更佳。

三、化学试剂的取用

实验室配制或分装的各种试剂都必须贴上标签。标签上应写明试剂的名称、浓度、标定日期、有效期等信息。标签贴在试剂瓶的2/3处。应经常检查试剂瓶上的标签是否完好、字迹是否清晰，若标签脱落或字迹模糊，则应及时更换标签。

取试剂前要看清标签上的名称与浓度，不要取错试剂。取用化学试剂时，先打开瓶盖（塞）并倒放在实验台上，若瓶塞是扁平的，可用手指夹住或放在洁净表面皿上，不可随意放置，以免沾污。取用试剂后应将塞子塞好，不要弄错塞子，将试剂瓶标签朝外放回原处。

1. 固体试剂的取用

取用固体试剂的药匙必须保持干燥洁净，且专匙专用。常用的药匙两端有大小两匙，取较少量试剂用小匙。取用前应先用吸水纸将药匙擦拭干净，取用试剂后将试剂瓶塞盖严并放回原处，最后将药匙洗净并擦干。称取一定质量的固体试剂时，可把固体试剂放在干净的称量纸或表面皿上，再根据要求在天平上进行称量。具有腐蚀性或易潮解的固体不能放在纸上，而应放在玻璃容器（小烧杯或表面皿）内进行称量。

2. 液体试剂的取用

用倾注法取液体试剂时，取下瓶盖倒放在实验台上，右手拿试剂瓶，使试剂标签对着手心或朝向两侧，瓶口靠住容器壁，缓缓倒出需要量的试剂，让液体沿着容器壁往下流，如图2-1所示。倒完后，试剂瓶口应在容器壁上靠一下，以免液体沿外壁流下。若所用容器为烧杯，可用玻璃棒引入，如图2-1所示。取用试剂后，即盖上瓶盖。

如用量筒量取液体，需根据所取液体的体积选择一定规格的量筒。读数时，应将量筒放置于水平桌上或拿在手中自然下垂，量筒必须保持平稳，应使视线

图 2-1 液体试剂的取用

与量筒内液体凹液面最低点保持水平。俯视时视线斜向下，视线与筒壁的交点在液面以上，所读数据偏高，实际量取溶液值偏低；仰视时视线斜向上，视线与筒壁的交点在液面以下，所读数据偏低，实际量取溶液值偏高。如图 2-2 所示。

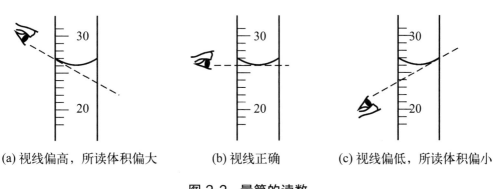

(a) 视线偏高，所读体积偏大　　　(b) 视线正确　　　(c) 视线偏低，所读体积偏小

图 2-2 量筒的读数

用滴管从瓶中取用少量液体试剂时，不要只用拇指和食指捏着，还需用中指和无名指夹住，用手指捏紧橡胶头，赶出滴管中的空气，然后把滴管伸入试剂瓶中，放开手指，试剂即被吸入。取液后的滴管应保持橡胶头在上方，不要倾斜，防止溶液倒流而腐蚀橡胶头。滴加液体时，保持垂直于容器正上方，切忌倒立，不可触碰到容器壁及内部，以免沾污滴管或造成试剂的污染，如图 2-3 所示。不要把滴管放在实验台或其他地方，以免沾污滴管。用过的滴管要立即用清水冲洗干净（滴瓶上的滴管不要用水冲洗），以备再用。严禁用未经清洗的滴管再吸取其他的试剂，不可一管两用。专用滴管不可清洗，需专管专用，用完立即放回原试剂瓶。

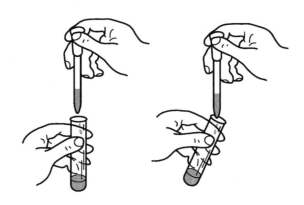

图 2-3 滴管的使用

取用易挥发性试剂时,应在通风橱中进行。取用强腐蚀性或强毒性试剂时要注意安全,手不能直接接触,以免发生意外。

四、称量用具及基本操作

1. 托盘天平

托盘天平,俗称台秤,是化学实验常用的称量仪器。其称量精确度不高,一般能称准到 0.1g。

托盘天平的构造,如图 2-4 所示。

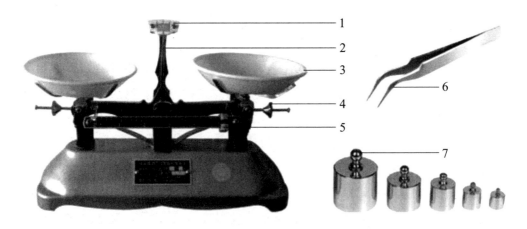

图 2-4 托盘天平

1—刻度盘;2—指针;3—托盘;4—平衡螺丝;5—游码;6—镊子;7—砝码

(1) 检查天平水平

将天平放置在水平桌面上,游码归零,检查指针是否指在刻度盘中心线位置。若不在,可调节托盘下的平衡螺丝。当指针在刻度盘中心线左右摆动距离相等时,表示天平处于平衡状态,即指针在零点。

(2) 称量

称量物一般不能直接放在托盘上。要根据称量物性质和要求,将称量物放在称量纸上、烧杯或其他容器中进行称量。称量时左物右码,需先加大砝码,再加小砝码,一般5g以内,通过游码来添加,当指针在刻度盘中心线左右摆动距离相等(允许偏差1小格以内)时,砝码加游码的质量即为被称物的质量。

(3) 称量结束

称量完毕后,应将砝码放回原砝码盒,并使天平恢复原状。取放砝码,要用镊子,不能用手拿,砝码不得放在托盘和砝码盒以外其他任何地方。

2. 电子天平

电子天平是利用电子装置完成电磁力补偿调节的,使被称物在重力场中实现力的平衡,或通过电磁力矩的调节,使物体在重力场中实现力矩的平衡。电子天平称量精确度较高,能称准到0.1mg甚至0.01mg,在定量分析中常用。本书讨论的是梅特勒ME104T电子天平。

(1) 天平示意

天平示意如图2-5所示。

图2-5 梅特勒ME104T电子天平

(2) 电子天平操作规程

① 天平平衡。观察气泡是否位于水准仪中心,若有偏移,需调整天平的水平调整螺丝,使天平水平。检查天平盘有无遗洒药品粉末,检查天平罩内外是

否清洁。若天平较脏，应先用毛刷清扫干净。

② 检查电源，通电，初次或长时间断电之后，需预热30分钟。按下天平开关键 POWER 键（有些型号为 ON 键）。

数字资源2-1
电子天平的使用

③ 校正天平。首次使用天平必须进行校正，按校正键 CAL 键，天平将显示 CAL-200，此时需要 200g 的标准砝码校准，放入标准砝码数秒后，直到显示屏出现 200.0000g，取走标准砝码，显示屏出现 0.0000g，完成一次校准。如若显示不为零，则再清零，重复以上校正操作。

④ 称量。称量时，将洁净的称量纸（或表面皿、称量瓶、小烧杯等）置于称量盘上，关上侧门，稍候，轻按下天平 O/T 键（有些型号为 TAR 键），天平自动校对零点。当显示器显示"0.0000"后，开启右侧门，在称量盘上，缓慢加入待称物质，直到显示所需重量为止，关好天平门。当显示屏出现稳定数值，即为被称物的质量。

称量结束，除去称量纸，关闭天平门，轻按下天平 POWER 键（有些型号为 OFF 键），切断电源，罩上天平罩，并在记录本上记录使用情况。

注意事项：

① 通常在天平称量室内放两小烧杯硅胶作干燥剂，硅胶失效（变红）后应及时更换。

② 电子天平为精密仪器，称量时要小心，往天平盘放置物品时要轻拿轻放。

③ 被称物品不能超过天平的称量范围。

④ 天平在使用完毕后，用干净的毛刷将天平表面清理干净，液体洒落在天平表面时，用干净的软布擦拭干净，始终保持天平表面无任何污渍。

⑤ 调节零点及称量读数时，要留意天平门是否关好。称量读数，必须立即记录在记录本上。调节零点后或称量读数后，应随手关闭天平门。

⑥ 天平必须远离震源、热源，并与化学处理室隔离。天平必须安放在牢固的实验台上。

⑦ 如果发现天平异常，应及时报告教师或实验室工作人员，不得自行处理。称量完毕后，应及时对天平进行复原，检查使用情况，并做记录。

（3）称量方法

① 直接称量法。此法适用于称量不易吸湿，在空气中性质稳定，要求某一

固定质量的粉末状或细丝状、块状或棒状的金属等物质。方法是：先调节天平零点，将洁净干燥的器皿放在已预热并稳定的电子天平上，去皮。将待称物置于容器内，此时显示质量即为物体的质量。

② 减量称量法。此法适用于称量过程中易吸水、易氧化或易与 CO_2 反应的物质。由于称取试样的量是由两次称重质量之差求得，故此法称为减量称量法（或递减、差减称量法）。在分析化学实验中常用来称取基准物质和待测样品质量，是最常用的一种称量方法。操作如下：

将适量样品装入称量瓶（注意：不要让手指直接接触称量瓶和瓶盖），盖上瓶盖。用清洁的纸条叠成称量瓶高 1/2 左右的三层纸带，套在称量瓶上，左手拿住纸带两端，如图 2-6 所示。也可以戴上手套操作。将称量瓶置于天平称量盘，称出称量瓶加试样的准确质量 m_1。

图 2-6 称量瓶拿法

将称量瓶取出，在接收器的上方，倾斜瓶身，用纸片夹取出瓶盖，用称量瓶盖轻轻敲瓶口，使试样慢慢落入容器中，如图 2-7 所示。随后继续用瓶盖轻敲瓶口，一边逐渐将瓶身竖立，使黏附在瓶口上的试样落下，然后盖上瓶盖。再把称量瓶放回天平称量盘，关闭天平门，准确称取其质量 m_2。

图 2-7 从称量瓶中敲出试样

两次称量质量之差,即为敲出试样的质量。按上述方法连续递减,可称量多份试样。倾样时,一般很难一次成功,往往需几次(不超过 3 次)相同的操作过程,才能称取一份合乎要求的样品。

注意事项:

a. 减量称量法需要少量多次操作,如果加入样品量超出所需质量,需要弃去重做。

b. 装样品的称量瓶除在天平内或手中,不得放到其他地方,称量完成及时放回干燥器。

c. 粘在瓶口的样品尽量处理干净,以免洒落。

d. 天平在使用完毕后,用干净的毛刷将天平表面清理干净,液体洒落在天平表面时,用干净的软布擦拭干净,始终保持天平表面无任何污渍。

五、滴定分析仪器及其使用

(一)移液管和吸量管

移液管是用来准确移取一定体积溶液的量器,是一种量出式玻璃仪器。它是一根中间有一膨大部分的细长玻璃管,其下端为尖嘴状,上端管颈处刻有一条标线,表明在标示的温度下,准确移取一定体积的标志,如图 2-8(a)所示。常用的移液管规格有 5mL、10mL、20mL、25mL、50mL 等。移液管所移取的体积通常可准确到 0.01mL。

吸量管的全称是分度吸量管,又称刻度移液管。它是带有分刻度的量出式玻璃量器,用于移取小体积溶液,如图 2-8(b)所示。常用的吸量管规格有 1mL、2mL、5mL、10mL 等。

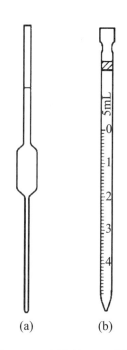

图 2-8 移液管和吸量管

移液管和吸量管的使用方法如下。

1. 检查移液管和吸量管的管口和尖嘴有无破损

若有破损则不能使用。

2. 洗涤和润洗

洗涤先用自来水淋洗,若内壁仍挂水珠,则用铬酸洗液浸泡,操作方法如下：右手拇指和中指拿住移液管或吸量管上端合适位置，食指靠近管上口，无名指和小指辅助拿住移液管（如图 2-9 所示）或吸量管，将管尖浸入洗液。左手拿洗耳球，持握拳状，将洗耳球握在掌中，尖口向下，握紧洗耳球，排出球内空气，将洗耳球尖口插入或紧接在移液管或吸量管上口，注意不能漏气。慢慢松开

数字资源2-2
移液管和吸量管的使用

左手，将洗涤液慢慢吸入管内，直至刻度线以上，移开洗耳球，迅速用右手食指堵住移液管或吸量管上口，静待片刻后，将洗涤液放回原瓶。也可用装有洗涤液的超声波洗涤，并用自来水冲洗移液管或吸量管内、外壁至不挂水珠，再用纯化水洗涤三次，控干水备用。

图 2-9　用洗耳球吸液操作

移取溶液前，先取少量待吸溶液润洗。方法如下：左手持洗耳球，右手持移液管或吸量管，将管尖伸入待取溶液，吸至移液管或吸量管体积 1/3 时（注意：勿使溶液流回，以免稀释待吸溶液），右手食指堵住管口，移出，两手将移液管或吸量管横持并转动移液管或吸量管，使溶液流遍全管内壁，将溶液从下端尖口处排入废液杯内。如此操作，润洗 3~4 次后即可吸取溶液。

3. 移取溶液

将润洗过的移液管插入待吸溶液液面下 1~2cm 处（注意：移液管插入溶液不能太深，并要边吸边往下插入，管尖也不应伸入太浅，以免液面下降后造成吸空），用洗耳球按上述操作方法吸取溶液。当管内液面上升至标线以上 3~4cm 处时，迅速用右手食指堵住管口。移出移液管（在移动移液管时，应将其保持垂直，不能倾斜），用滤纸擦干移液管下端黏附的少量溶液。

左手另取一干净小烧杯，将小烧杯保持倾斜，移液管管尖紧靠小烧杯内壁，

视线与刻度线保持水平。稍稍松开食指（可微微转动移液管），调整溶液的弯月面最低处与标线上缘相切为止，立即用食指压紧管口。将尖口处紧靠烧杯内壁，向烧杯口移动少许，去掉尖口处的液滴（调整过程中移液管始终保持垂直）。

4. 放出溶液

左手拿接收器倾斜，将移液管移入容器中，管下端紧靠接收器内壁，放开食指，让溶液沿接收器内壁流下（保持管垂直），如图 2-10 所示，管内溶液流完后，保持放液状态停留 15s，将移液管尖端在接收器靠点处前后小距离滑动几下（或将移液管尖端靠接收器内壁旋转一周），移出移液管（残留在管尖内壁处的少量溶液，不可用外力强制使其流出，因校准移液管时，已考虑了尖端内壁处保留溶液的体积。若管身上标有"吹"或"快"字的，可用洗耳球吹出，否则不允许用洗耳球吹出）。

图 2-10 移液管操作

吸量管吸取溶液，大体与移液管操作相同。但吸量管上常标有"吹"字，特别是 1mL 以下的吸量管，要注意流完溶液后要将管尖溶液吹入接收器中。注意：吸量管的分刻度，有的刻到末端收缩部分，有的只刻到距尖端 1~2cm 处，要看清刻度。在同一实验中，应尽量使用同一支吸量管的同一段，通常尽可能使用上面部分，而不用末端收缩部分。例如，用 5mL 吸量管移取 3mL 溶液，通常让溶液自 5mL 流至 3mL，而避免从 2mL 刻度流至末端。

5. 注意事项

① 移液管或吸量管不应在烘箱中烘干。
② 移液管或吸量管不能移取太热或太冷的溶液。
③ 同一实验中应尽可能使用同一支移液管或吸量管。

④ 移液管或吸量管在使用完毕后，应立即用自来水及纯化水冲洗干净，置于移液管或吸量管架上。

⑤ 移液管或吸量管和容量瓶常配合使用，因此在使用前常做两者的相对体积校准。

⑥ 在使用吸量管时，为了减少测量误差，每次都应以最上面刻度处为起始点，往下放出所需体积的溶液，而不是需要多少体积就吸取多少体积。

⑦ 移液管管身如标有"吹"或"快"字样，需要用洗耳球吹出管口残余液体。如没有，千万不要吹出管口残余，否则会导致量取液体过多。

（二）容量瓶

容量瓶也叫量瓶，是配制物质准确浓度时用的精确仪器。它是一种细颈梨形平底的容量器，带有磨口玻塞，颈上有标线，表示在所指温度下液体凹液面与容量瓶颈部的标线相切时，溶液体积恰好与瓶上标注的体积相等。容量瓶上标有温度、容量、刻度线。容量瓶常和移液管配合使用。容量瓶有多种规格，常用的有 10mL、25mL、50mL、100mL、250mL、500mL、1000mL、2000mL等。它主要用于直接法配制标准溶液和准确稀释溶液以及制备样品溶液。容量瓶的使用方法和注意事项如下。

1. 检漏

在使用容量瓶之前，要先进行以下两项检查：

① 容量瓶容积与所要求的是否一致。

② 检查瓶塞是否严密，是否漏水。

具体操作：在瓶中加适量水，塞紧瓶塞，左手用食指按住塞子，其他手指拿住瓶颈标线以上部分，右手用指尖托住瓶底边缘，如图 2-11（a）所示，使其倒立 2min，直立后用干滤纸片沿瓶口缝处检查，看有无水珠渗出。如果不漏，再把塞子旋转 180°，塞紧，再倒立 2min 检查，如不漏水，方可使用。这样做两次检查是必要的，因为有时瓶塞与瓶口不是在任何位置都是密合的。密合用的瓶塞必须妥善保存，最好用绳把它系在瓶颈上，以防跌碎或与其他容量瓶搞混。

2. 洗涤

容量瓶先用自来水涮洗内壁，倒出水后，内壁如不挂水珠，即可用纯化水涮洗，备用，否则必须用洗液洗。用洗液洗之前，先将瓶内残余水倒掉，装入适量洗液，转动容量瓶，使洗液润洗内壁后，稍停一会，将其倒回原瓶，再用自来水冲洗，最后从洗瓶挤出少量纯化水涮洗内壁三次以上即可。

3. 配制溶液

将精确称重的试样放在小烧杯中，加入少量溶剂，搅拌使其溶解（若难溶，可盖上表面皿，稍加热，但必须放冷后才能转移），定量移入洗净的容量瓶中。转移时，烧杯口应紧靠玻璃棒，玻璃棒倾斜，下端紧靠瓶颈内壁，其上部不要碰到瓶口，使溶液沿玻璃棒和内壁流

数字资源2-3
容量瓶的使用

入瓶内，如图2-11（b）所示。烧杯中溶液流完后，将烧杯沿玻璃棒稍微向上提起，同时使烧杯直立，再将玻璃棒放回烧杯中。用洗瓶吹洗玻璃棒和烧杯内壁，如前法将洗涤液转移至容量瓶中，一般应重复3次以上，以保证定量转移。当溶液加到瓶中2/3处以后，将容量瓶沿水平方向摇转几周（勿倒转），使溶液大体混匀。然后，把容量瓶平放在桌子上，继续加水至距离标线约1cm处，静置1～2min，使黏附在瓶颈内壁的溶液流下，再改用胶头滴管滴加（滴管加水时，勿使滴管触及溶液），眼睛平视标线，加水至溶液凹液面底部与标线相切。立即盖好瓶塞，用食指顶住瓶塞，另一只手的手指托住瓶底［按图2-11（c）的姿势］，注意不要用手掌握住瓶身，以免体温使液体膨胀，影响容积的准确性（对于容积小于100mL的容量瓶，不必托住瓶底）。随后将容量瓶倒转，使气泡上升到顶，此时可将容量瓶振荡数次，再倒转过来，仍使气泡上升到顶。如此反复10次以上，才算混合均匀。放正容量瓶（此时，因一部分溶液附于瓶塞附近，瓶内液面可能略低于标线，不应补加水至标线），打开瓶塞，使瓶塞周围溶液流下，重新盖好塞子后，再倒转容量瓶，摇动2次，使溶液全部混匀。

(a) 检漏

(b) 溶液转移

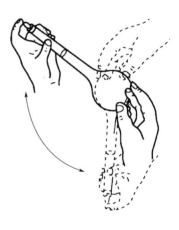
(c) 溶液混匀

图 2-11 容量瓶的操作

如用容量瓶稀释溶液,则用吸量管移取一定体积浓溶液,在烧杯中稀释冷却后,定量转移至容量瓶中,加水稀释至标线。当浓溶液稀释不放热时,可将浓溶液直接放入容量瓶中加水稀释,其余操作同前。

4. 注意事项

使用容量瓶时应注意以下几点:

① 不能在容量瓶里进行溶质的溶解,应将溶质在烧杯中溶解后转移到容量瓶里。

② 用于洗涤烧杯的溶剂总量不能超过容量瓶的标线,一旦超过,必须重新配制。

③ 容量瓶只能用于配制溶液,不能长时间贮存溶液,因为溶液可能会对瓶体产生腐蚀,从而使容量瓶的精度受到影响。

④ 容量瓶不能加热。当溶质溶解或稀释时出现吸热放热时,需先将溶质在烧杯中溶解或稀释,并冷却。因为温度升高瓶体将膨胀,所量体积就会不准确。

⑤ 用容量瓶配制一定容量的溶液,一般保留 4 位有效数字(如 250.0mL),因此书写溶液体积的时候必须是×××.0mL。

⑥ 容量瓶用毕应及时洗涤干净,塞上瓶塞,并在塞子与瓶口之间夹一圈纸条,防止瓶塞与瓶口粘连。

(三)滴定管

滴定管是滴定时可以准确测量流出标准溶液体积的仪器,它是一根具有精密刻度、内径均匀的细长玻璃管,可根据需要放出不同体积的溶液。根据滴定管长度和容积的不同,可分为常量滴定管、半微量滴定管和微量滴定管。

常量滴定管容积有 25mL、50mL,最小刻度 0.1mL,可读到 0.01mL。半微量滴定管容积 10mL,最小刻度 0.05mL,可读到 0.01mL,结构一般与常量滴定管较为类似。微量滴定管容积有 1mL、2mL、5mL、10mL,最小刻度 0.01mL,最小可读到 0.001mL。

数字资源2-4
酸式滴定管的使用

滴定管分两种,一种是酸式滴定管又称具塞滴定管,如图 2-12(a)所示,下端为一玻璃活塞,用来装酸性溶液或氧化性溶液及盐类溶液;另一种是碱式滴定管又称无塞滴定管,如图 2-12(b)所示,下端用橡胶管连接一支带有尖嘴的小玻璃管,一般用来装碱性溶液与无氧化性溶液。现在实验室常用的是通用型滴定管,它带有聚四氟乙烯旋塞,如图 2-13 所示,可以做到酸碱通用。

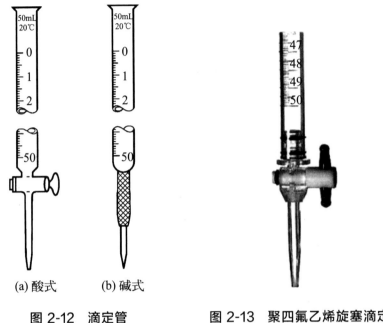

(a) 酸式　　(b) 碱式

图 2-12　滴定管　　　　图 2-13　聚四氟乙烯旋塞滴定管

滴定管使用方法如下。

（1）检漏

旋塞式滴定管使用前先检查旋塞转动是否灵活，有无漏水。用自来水充满滴定管，将其放在滴定管架上垂直静置约 2min，观察旋塞周围和管尖有无水渗出；然后将活塞旋转 180°，再如前检查。若有漏水，需涂抹凡士林，操作如下：

① 取下活塞小头处小橡皮套圈，取出活塞（注意：勿使活塞跌落）。

② 用滤纸片将活塞和活塞套擦干。擦拭时，可将滴定管放平，以免管壁上的水进入活塞套中。

③ 涂油时，用手指均匀地涂一薄层凡士林于活塞两头，如图 2-14（a）所示。或者用玻璃棒或火柴梗，将凡士林薄而均匀地涂抹在活塞套小口内侧，如图 2-14（b）所示，用手指将适量凡士林涂抹在活塞大头上。涂得太少，活塞转动不灵活；涂得太多，活塞孔容易被堵塞。

④ 涂完后将活塞插入活塞套中，如图 2-14（c）所示。插入时，活塞孔应与滴定管平行，这样可以避免将油脂挤到活塞孔中。然后向同一方向不断旋转活塞，并轻轻向活塞小头方向用力，以免来回移动活塞，直到油脂层中没有纹路，

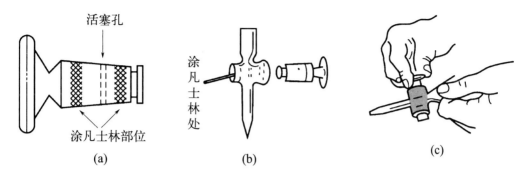

图 2-14　酸式滴定管涂油操作

旋塞呈均匀透明状态。最后将橡皮套圈套在活塞小头部分沟槽上。

（2）洗涤

洗涤时以不损伤内壁为原则。洗涤先用自来水冲洗，用滴定管刷（特制的软毛刷）蘸合成洗涤剂刷洗，但铁丝部分不得碰到管壁（用泡沫塑料刷代替毛刷更好）。若不能洗净时，可用铬酸洗液清洗。加入 5～10mL 铬酸洗液，边转动边将滴定管放平，并将滴定管口对准洗液瓶口，以防洗液洒出。洗净后，将一部分洗液从管口放回原瓶，最后打开活塞将剩余的洗液从下口放回原瓶，如果滴定管太脏，可将洗液装满整支滴定管浸泡一段时间或使用热洗液，洗涤效果更佳。用洗液清洗后，必须用自来水充分洗净。

（3）纯化水洗涤

用纯化水润洗三次。每次用量 10～15mL。润洗时，双手拿滴定管身两端无刻度处，边转动边倾斜滴定管，使水布满全管并轻轻振荡。然后直立，打开活塞将水放掉，同时冲洗出口管。也可将大部分水从管口倒出，再将余下的水从下端放出。最后将管的外壁擦干，以便观察内壁是否挂水珠。

（4）润洗

滴定管在使用前还必须用待装溶液润洗三次，第 1 次用 10mL 左右，第 2、3 次各用 5mL 左右。润洗操作要求：先关好旋塞，倒入溶液，右手拿住滴定管上端无刻度部位，左手拿住旋塞无刻度部位，将滴定管横持，边转边向管口倾斜，使溶液流遍全管，然后打开滴定管旋塞，使润洗液从下端流出，废液弃去。

（5）装液排气泡

润洗后再将待装溶液装入滴定管。装液之前，应将试剂瓶或容量瓶中溶液摇匀，使凝结在瓶内壁的水珠混入溶液。在高温、室温变化较大或溶液放置时间较长时，此项操作尤其必要。混匀后溶液应直接倒入滴定管中，不得借助其他容器（如烧杯、漏斗、滴管等），否则既浪费溶液，又增加污染机会。溶液倒入滴定管时，用左手前三指持滴定管上部无刻度处，并倾斜，右手拿住试剂瓶，将溶液缓缓倒入滴定管。如果是小试剂瓶，右手可握住瓶身（试剂瓶标签应向手心），直接倾倒；如遇到大试剂瓶或容量瓶，可将瓶放在桌沿，手拿瓶颈，使瓶倾斜让溶液慢慢倾入管中。

如果试剂瓶或容量瓶体积太大，滴定管口很小，也可先将溶液转移入烧杯（要用干燥、洁净的烧杯，并用溶液洗涤3次），再倒入滴定管。

将待装溶液装入滴定管至零线以上，检查滴定管出口下部尖嘴部分是否留有气泡。若有，开大活塞使溶液冲出，排出气泡。除去气泡后，重新补充溶液至"0"刻度以上。

碱式滴定管排气泡时，需把乳胶管向上弯曲，出口上斜，挤捏玻璃珠上方，使溶液从尖嘴快速冲出，排出气泡，如图2-15所示。

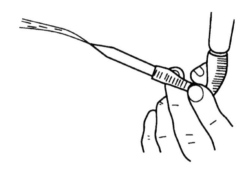

图 2-15 碱式滴定管排出气泡

（6）读数

手持装满溶液的滴定管刻度线上方，保持滴定管垂直，视线、刻度与弯月面下缘实线最低点应在同一平面上，如图2-16（a）所示。读数时，可读弯月面下缘实线最低点，而有色溶液如 $KMnO_4$ 溶液、碘液等，其弯月面清晰度较差，读数时，则读取液面最高点，这样比较容易读准，如图2-16（b）所示。一般初读数为0.00mL或0～1mL之间的任一刻度，以减小体积误差。

滴定完成后，需等待1～2min后方可读数。读数时，将滴定管从滴定台上取下，手持上部无液处，保持滴定管垂直，视线与弯月面最低点刻度水平线相切。若为有色溶液，则需读取最高点。一定要注意初读数与终读数要采用同一标准。

初学者读数时，可将黑白板放在滴定管背后，使黑色部分在弯月面下面约1cm处，此时即可看到弯月面反射层全部成为黑色，然后读此黑色弯月面下缘

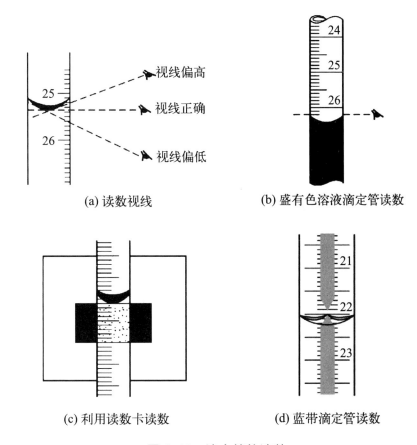

图 2-16 滴定管的读数

最低点,如图 2-16(c)所示。

有的滴定管背面有一条蓝带,称为蓝带滴定管。蓝带滴定管的读数与普通滴定管类似,蓝带滴定管盛溶液后将有两个弯月面相交,此交点的位置即为蓝带滴定管的读数位置。如图 2-16(d)所示。

滴定管的读数,还应遵循下列原则:

① 不宜把滴定管挂在滴定台上读数,这样很难确保滴定管垂直,不能准确读数。

② 读数时,必须读至小数点后第 2 位,即估计到 0.01mL。如图 2-16(a)可读为 25.36mL。

③ 读数时,管尖嘴不能有气泡,否则无法准确读数。

(7) 滴定操作

使用旋塞式滴定管滴定时,将其垂直地夹在滴定台上。操作者面对滴定管,可坐可站,滴定管高度要适宜。右手握锥形瓶,左手控制滴定管旋塞,无名指和小指略微弯曲向手心弯，大拇指在前，食指和中指在后，轻轻向内扣住旋塞，手心空握，以免碰到旋塞使其松动。如图 2-17 所示。

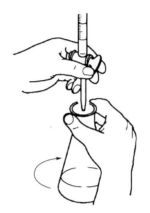

图 2-17　酸式滴定管操作

滴定通常在锥形瓶中进行，对于碘量法（滴定碘法）、溴酸钾法等，则需在碘量瓶中反应和滴定。在锥形瓶中进行滴定时，用右手拇指、食指和中指拿住锥形瓶，其余两指辅助在下侧，滴定管下端伸入瓶口约 1cm。左手握住滴定管，要边滴定边振摇锥形瓶，摇动时用右手手腕旋转带动锥形瓶，使溶液做圆周运动。滴定速度一般为每秒 3~4 滴。滴定时管尖不能碰到锥形瓶内壁。如果有滴定液溅在内壁上，要立即用纯化水冲到溶液中。

使用碱式滴定管滴定时，左手拇指在前，食指在后，捏住乳胶管中的玻璃球所在部位稍上处，向手心挤捏乳胶管，使其与玻璃球之间形成一条缝隙，可使溶液流出，如图 2-18 所示。应注意，不能挤压玻璃球下方乳胶管，否则易进入空气形成气泡。为防止乳胶管来回摆动，可用中指和无名指夹住尖嘴上部。

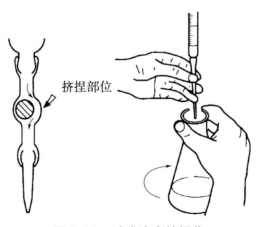

图 2-18　碱式滴定管操作

(8) 半滴操作

临近滴定终点时，先用纯化水冲洗锥形瓶内壁，摇匀后再逐滴地滴入，甚至是以半滴溶液加入。半滴滴定时可轻轻转动旋塞，使溶液悬挂在管尖嘴上，用锥形瓶内壁将其沾落，再用洗瓶吹洗。

对于碱式滴定管，加入半滴溶液时，应先轻挤乳胶管使溶液悬挂在管尖嘴上，再松开拇指与食指，用锥形瓶内壁将其沾落，再用洗瓶吹洗。

进行滴定操作时，还应注意如下几点问题：

① 滴定尽量都从 0.00mL 或接近"0"开始，这样可减少滴定管刻度不均引起的误差。

② 滴定时，左手始终不能离开活塞，不能"放任自流"。

③ 摇动锥形瓶时，应微动腕关节，使溶液向同一方向旋转，形成旋涡，不能前后或左右摇动。摇动时，要求有一定速度，不能摇得太慢，以免影响反应速率。

④ 滴定时，要注意观察液滴落点周围颜色的变化。不要只看滴定管刻度变化，而不顾滴定反应进行。

⑤ 滴定速度控制。一般滴定开始时，滴定速度可稍快，呈"断线状"，每秒3~4滴。临近终点时，用洗瓶吹洗锥形瓶内壁，并改为逐滴加入，即每滴加一滴摇动锥形瓶。最后是每加半滴，摇匀，若溶液碰到锥形瓶内壁，要立即用洗瓶吹洗，直至溶液出现明显颜色变化。

(9) 滴定结束后滴定管处理

滴定结束后，滴定管内剩余溶液应弃去，不要倒回原瓶，以免沾污操作溶液。洗净滴定管，将滴定管倒置在滴定管夹上，或倒尽水后收在仪器柜中。

六、过滤、干燥与灼烧

（一）过滤

首先应该根据沉淀的性质选择过滤器，如果沉淀灼烧过程中易被纸灰还原或影响称量物性质，宜选用玻璃砂芯漏斗（图 2-19），不宜选用配滤纸的三角漏斗（图 2-20）进行过滤。

过滤是固液分离最常用方法，分为三种：普通过滤、减压过滤和趁热过滤。

(1) 普通过滤

溶液黏度、温度、过滤时压力、滤纸孔隙大小及沉淀性质等因素都会影响过滤速度、效果。细晶形沉淀或胶体沉淀，一般选择普通过滤，缺点是过滤速度较慢。

图 2-19　玻璃砂芯漏斗　　图 2-20　三角漏斗

滤纸和漏斗的选择：滤纸有定性滤纸和定量滤纸两种，按孔隙大小，可分为快速、中速和慢速三种。一般过滤用定性滤纸。在重量分析中，需将滤纸和沉淀一起灼烧后称量，必须使用定量滤纸，定量滤纸灼烧后，残留的灰分在 0.1mg 以下（可忽略不计），也称无灰滤纸。另外，还应根据沉淀性质选择不同滤纸，如 $BaSO_4$、$CaC_2O_4 \cdot 2H_2O$ 等细晶形沉淀，宜选用致密慢速滤纸，以防穿孔；$Al_2O_3 \cdot nH_2O$、$Fe_2O_3 \cdot nH_2O$ 等胶体沉淀，则选用快速滤纸，否则过滤速度太慢。

普通过滤应选用三角漏斗，如图 2-20 所示。漏斗大小应与滤纸大小相适应。折叠后滤纸边缘应低于漏斗上沿 0.5～1.0cm。

滤纸的折叠和安放：将一张圆形滤纸对折两次，展开成约 60°圆锥形（一侧三层，另一侧一层），如图 2-21 所示，并调节滤纸圆锥形角度与漏斗角度相当。将三层滤纸外两层撕下一小角（撕下小角滤纸留作以后擦拭烧杯用），可使漏斗与滤纸紧贴。将折叠好的滤纸放入漏斗，三层部分应放在漏斗出口短的一侧，一手按住三层滤纸一边，一手用洗瓶吹入少量纯化水将滤纸润湿，然后用干净玻璃棒（或手指）轻压滤纸赶走滤纸和漏斗之间气泡，使其与漏斗紧贴。加水至滤纸边缘，漏斗颈内应充满水形成水柱。如果通过滤纸的水全部漏尽后水柱不能保持，则说明滤纸与漏斗没有完全密合；如果水柱虽然形成，但有气泡不连续，说明滤纸边有微小空隙，需再将滤纸边按紧。在过滤过程中，漏斗颈必须一直被液体所充满，借液柱的重力而产生抽吸作用，加快过滤速度。将准备好的漏斗放在漏斗架（或铁圈）上，漏斗下面放一洁净的烧杯接收滤液。漏斗斜出口尖端紧贴烧杯内壁，使滤液沿杯壁流下。漏斗高度以过滤完漏斗出口不接触滤液为宜。漏斗应放端正，即其边缘在同一水平。

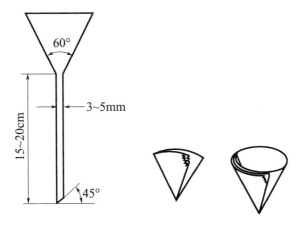

图 2-21　漏斗和滤纸的折叠

普通过滤一般先用倾析法将上层清液倾入滤纸中，留下沉淀，再将烧杯倾斜放在木块或瓷砖边缘，待沉淀下沉后，左手拿玻璃棒斜立于三层滤纸上方，尽量接近滤纸，但不能接触滤纸。右手拿起盛着沉淀的烧杯，使烧杯嘴紧贴玻璃棒，慢慢倾斜烧杯，尽量不搅起沉淀，将上层清液缓慢地沿玻璃棒注入漏斗中，如图 2-22 所示。注意倾泻速度，以漏斗内液面低于滤纸边缘约 0.5cm 为宜，以免液体从滤纸与漏斗之间流下。暂停倾出溶液时，应将烧杯沿玻璃棒向上提 1~2cm，并逐渐扶正烧杯。在此过程中，烧杯嘴不能离开玻璃棒，防止烧杯嘴上液滴流到烧杯外壁。确保烧杯嘴溶液不漏失的情况下，烧杯才能离开玻璃棒，并将玻璃棒放回烧杯中，但不要靠在烧杯嘴处。如此继续过滤，直至沉淀的上层清液几乎全部倾入漏斗为止。

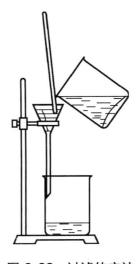

图 2-22　过滤的方法

倾完上层清液后,用洗瓶或滴管加洗涤液,从上到下旋转冲洗烧杯内壁,将粘在杯内壁上的沉淀冲洗到烧杯底部,每次用10~20mL洗涤液。用玻璃棒搅动沉淀,充分洗涤后,待沉淀沉降后,再以倾析法倾出上层清液。一般晶形沉淀需洗涤2~3次,胶体沉淀需洗涤5~6次。

初步洗涤沉淀若干次后,加少量洗涤液并搅动,然后将悬浮液沿玻璃棒一次倾入滤纸上。再于烧杯中加入少量洗涤液,搅起沉淀,以同法转移悬浮液。重复几次,使大部分沉淀转移到滤纸上,最后剩余少量沉淀。然后将烧杯倾斜置于漏斗上方,烧杯嘴朝向漏斗,玻璃棒架在烧杯嘴上,并高出烧杯嘴2~3cm,玻璃棒下端对着三层滤纸处,右手用洗瓶从上至下吹洗烧杯内壁,沉淀连同溶液一起流入漏斗中,如图2-23所示。重复上述操作,直至沉淀完全转移为止。再用折叠滤纸时撕下的小角滤纸擦拭黏附在烧杯壁和玻璃棒上的沉淀,将擦拭过的滤纸也放在漏斗中的滤纸上。

图 2-23 冲洗转移沉淀

沉淀全部转移到滤纸上后,需做最后洗涤,以除去沉淀表面吸附的杂质和残留母液。洗涤方法是:用洗瓶流出的细流冲洗滤纸边缘稍下部位,按螺旋形向下移动,如图2-24所示,使沉淀冲洗到滤纸底角。待前一次洗涤液流尽后,再进行下一次洗涤,直至沉淀洗净为止。为了提升洗涤效果,应采用"少量多次"的原则,即在洗涤液总体积相同的情况下,尽可能分多次洗涤,每次用量要少,且前一次洗涤液流尽后,再进行下一次洗涤。

沉淀充分洗涤后,用洁净小试管或表面皿盛接约1mL滤液,选择灵敏且能迅速显示结果的定性反应,来检验沉淀是否洗净。例如,用硝酸酸化的硝酸银

图 2-24 洗涤漏斗中沉淀

溶液检验滤液是否有氯离子存在,若无白色氯化银浑浊生成,表明洗涤已经完全,若仍有浑浊,则需再继续洗几次,直至检验无浑浊为止。

> **知识链接**
>
> **菊花形滤纸的折法**
>
> 如图 2-25 所示,把滤纸对折,再对折,展开,得图(a);以 1 对 4 折出 5,3 对 4 折出 6,1 对 6 折出 7,3 对 5 折出 8,得图(b);以 3 对 6 折出 9,1 对 5 折出 10,得图(c);在相邻两折痕之间,从相反方向再按顺序对折一次,得图(d);然后展开滤纸呈两层扇面状,再把两层展开呈菊花形,得图(e)。折叠时,不要每次都把尖嘴压得太紧,以防过滤时滤纸中心因磨损被穿透。
>
>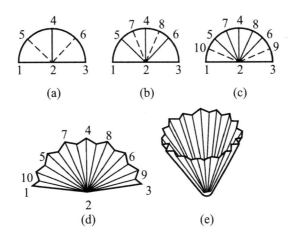
>
> 图 2-25 菊花形滤纸的折法

（2）减压过滤

采用真空泵抽气，使过滤器内外产生压力差而快速过滤，同时抽干沉淀中溶液的过滤方法，简称抽滤。它可以加速大量溶液与沉淀的分离，适用于过滤颗粒较粗的晶形沉淀。减压过滤装置由布氏漏斗、抽滤瓶、安全瓶和真空泵组成，如图 2-26 所示。其原理是利用真空泵（一般用水泵或油泵，见图 2-27）把抽滤瓶中空气抽出，使瓶内压力降低，使布氏漏斗内液面与抽滤瓶内产生压力差，可明显加速过滤。安全瓶（又称缓冲瓶）安装在抽滤瓶和真空泵之间，其作用是防止真空泵中水或油吸入抽滤瓶中（即倒吸现象），把滤液沾污。若不要滤液，也可不用安全瓶。减压过滤操作如下：

数字资源2-5
减压过滤

抽滤前，检查装置，要求将抽滤瓶与真空泵相连，布氏漏斗斜口对准抽滤瓶支管口（即抽气口）。滤纸规格比布氏漏斗内径略小，能盖住瓷板上所有小孔。接通电源，将滤纸平铺在布氏漏斗中，以少量水将滤纸润湿。开启真空泵，可见真空泵中指针偏转，使滤纸贴紧在漏斗上。

抽滤时，注意：布氏漏斗内溶液量不要超过漏斗容积的 2/3。黏附在容器壁上的沉淀，可用少量溶剂洗出，继续抽干沉淀中溶液。洗涤沉淀前，先停止抽滤，加入少量溶剂，用玻璃棒搅松沉淀，使溶剂充分接触沉淀。稍后，重新抽滤，将溶液抽干。如此重复几次，把沉淀洗净。

抽滤完毕，先拔掉抽滤瓶支管上的橡胶管，再关闭真空泵，否则真空泵中液体将会倒吸。用药匙将沉淀转移至预先准备好的称量纸（或表面皿）上。可

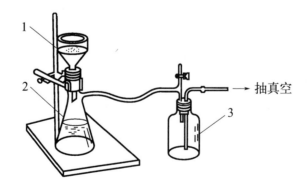

图 2-26　减压过滤装置

1—布氏漏斗；2—抽滤瓶；3—安全瓶

图 2-27 真空泵

根据沉淀性质，选用晾干或烘干使其干燥。滤液由抽滤瓶上口倾出，抽滤瓶支管必须朝上。

（二）干燥

过滤得到的沉淀常带有少量的水分或有机溶剂，应根据沉淀的性质选择适当的干燥方法。

(1) 自然晾干

适用于在空气中稳定、不吸潮的固体物质。干燥时，把样品放在洁净、干燥的表面皿或培养皿中，薄薄摊开，再于上面覆盖一张滤纸，让其在空气中慢慢晾干。该法最方便、最经济。

(2) 加热干燥

适用于高熔点且遇热不分解的固体试样。把样品置于蒸发皿上，用红外灯或烘箱烘干。用红外灯干燥时，注意被干燥固体与红外灯保持一定的距离，以免温度太高使被干燥固体熔化或分解，而且加热温度一定要低于固体化合物的熔点或分解温度。

(3) 干燥器干燥

适用于干燥易吸潮、分解或升华的物质。干燥器分为普通干燥器、真空干燥器两种。

① 普通干燥器，如图 2-28 所示，是通过放在其内部的干燥剂来干燥试样，一般用于保存易潮解的药品。干燥器是一种用于保持物品干燥的厚壁玻璃器皿，具有磨口盖子，中部有一多孔白瓷板，用来放被干燥物质，底部放有适量干燥

剂，使其内部空气干燥，磨口处涂有凡士林以防止水汽进入。干燥器常用于放置经烘干或灼烧过的坩埚、称量瓶、基准物质、试样等，或用来干燥物质。搬动干燥器时要同时按住盖子，如图 2-29 所示，防止盖子滑落。开关干燥器时，应一只手朝里按住干燥器下部，另一只手握住盖上圆顶平推，如图 2-30 所示。当放入热的物体时，为防止空气受热膨胀把盖子顶起而滑落，可反复推、关盖子几次以放出热空气，直至盖子不再容易滑动为止。干燥器应注意保持清洁，不得存放潮湿物品，并且只能在存放或取出物品时打开。底部放置的干燥剂不能高于底部高度 1/2，以防污染存放的物品。干燥剂失效后，要及时更换。最常用的干燥剂有硅胶、CaO 和无水 $CaCl_2$ 等。硅胶是硅酸凝胶（组成可用通式 $xSiO_2 \cdot yH_2O$ 表示）烘干除去大部分水后，得到的白色多孔固体，具有高度吸附的能力。为了便于观察，将硅胶放在钴盐溶液中浸泡后呈粉红色，烘干后变为蓝色，蓝色的硅胶具有吸湿能力。当硅胶变为粉红色时，表示已经失效，应重新烘干至蓝色。

图 2-28 普通干燥器

图 2-29 干燥器的搬移

图 2-30 干燥器的开启

② 真空干燥器，如图 2-31 所示，是借助负压和干燥剂双重作用来干燥试样，其干燥效率高于普通干燥器。真空干燥器形状与普通干燥器一样，只是盖上带有活塞，用于抽真空，活塞下端呈弯钩状，口向上，防止与大气相通时，因空气流速太快将固体冲散。最好另用一表面皿覆盖盛有样品的表面皿。

图 2-31 真空干燥器

（三）灼烧

灼烧需要在坩埚中进行，坩埚在使用前用自来水洗净，然后用盐酸或铬酸洗液浸泡十几分钟，再洗净后烘干灼烧，一般放在泥三角上置于高温炉中灼烧十几分钟，正确方法如图 2-32 所示，灼烧空坩埚与灼烧沉淀的条件相同。经过灼烧的坩埚先置于耐火板上，待红热退去后再转入干燥器中冷却，太热的坩埚不能直接放入干燥器，否则坩埚遇凉瓷板容易破裂。一般冷却时间需 0.5～1h，之后称量坩埚质量，重复灼烧冷却操作，再次称量坩埚质量，两次称量的质量差不超过 0.3mg 视为恒重。

图 2-32 坩埚在泥三角上的放法

对于蓬松的无定形沉淀，可以用搅拌棒将滤纸边沿向内折，包裹住沉淀，如图 2-33 所示，然后将滤纸包取出，尖头朝上放入坩埚；晶形沉淀一般直接将滤纸卷折放入坩埚，如图 2-34 所示。

图 2-33　无定形沉淀包裹

图 2-34　晶型沉淀卷折

将坩埚斜放在泥三角上，半掩坩埚盖，用煤气灯小火均匀烘烤坩埚底部，使滤纸和沉淀干燥。如果需要快速干燥，可先将火焰对着坩埚盖中心，利用热反射使坩埚内部沉淀和滤纸中的水蒸气逸出，再将火焰移至坩埚底部，稍微增大火焰，使滤纸灰化，灼烧至恒重，如图 2-35 所示。灰化也可以在电炉上进行。

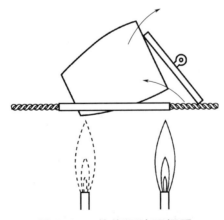

图 2-35　灼烧沉淀至恒重

沉淀的称量方法与称量坩埚的方法相同，称量速度要快，对于吸湿性强的沉淀更应如此，带沉淀的坩埚两次称量的质量差小于 0.3mg 视为恒重。

七、常用试纸及使用方法

实验室常用试纸来检验某些溶液的性质或鉴定某些物质是否存在。常用的试纸有石蕊试纸、酚酞试纸、pH 试纸、淀粉-碘化钾试纸、乙酸铅试纸等。

1. pH 试纸

pH 试纸包括广范 pH 试纸和精密 pH 试纸，用来检测溶液的 pH 值。广范 pH 试纸的 pH 变色范围是 0~14，用来粗略地测定溶液 pH 值；精密 pH 试纸可比较精确地测定溶液 pH 值，pH 变色范围为 2.7~4.7、3.8~5.4、5.4~7.0、6.0~8.0、8.2~10.0、9.5~13.0 等，根据待测溶液的酸碱性，可选用某一变色范围的精密 pH 试纸。

pH 试纸使用方法：取一小块 pH 试纸置于干燥、洁净的白色点滴板或表面皿上，用干净的玻璃棒蘸取待测液点于试纸中央，待试纸变色后，立即与标准比色板比较，确定溶液 pH 值。不能将待测液倾倒在 pH 试纸上或将试纸浸泡在溶液中。

2. 石蕊试纸

用来检验溶液的酸碱性。红色石蕊试纸遇碱，变蓝色；蓝色石蕊试纸遇酸，变红色。

第三章
常用仪器及其使用方法

一、酸度计及其使用

1. 酸度计基本结构

酸度计（或称 pH 计）是采用氢离子选择性电极测量溶液 pH 的一种电化学测量仪器。酸度计使用的电极包括指示电极和参比电极。测量水溶液的 pH 值常用玻璃电极作为指示电极，饱和甘汞电极作为参比电极。目前多选用复合电极，如图 3-1 所示，常见的复合电极由玻璃电极与银-氯化银电极组成。酸度计是把对 pH 敏感的玻璃电极和电位稳定的参比电极放在同一溶液，组成原电池，通过测量原电池电动势的方法来测定溶液的 pH 值。该电池的电位是玻璃电极和参比电极电位的代数和。如果温度恒定，该电池的电位随待测溶液 pH 的变化而变化。

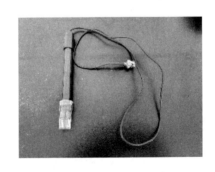

图 3-1　复合电极

2. 酸度计的使用

实验室常见酸度计的原理相同，结构差异不大，操作步骤基本一致。下面以实验室常见的 pHS-3C 酸度计为例，如图 3-2 所示，介绍测量溶液 pH 值的基本操作步骤。

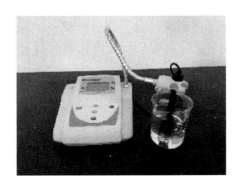

图 3-2 pHS-3C 酸度计

（1）标定

本仪器必须用 pH 4.00、pH 6.86、pH 9.18 三种标准缓冲溶液标定。仪器使用前的准备：将复合电极按要求接好，置于纯化水中。

（2）预热

按"开关"键开机，仪器预热 5 分钟，然后对仪器进行标定。

（3）定位校准

按下"pH"键，将复合电极洗干净，并用滤纸吸干后将复合电极插入 pH 6.86 标准缓冲溶液中，温度旋钮调至标准缓冲溶液的温度，稍加搅动后静止放置，待测量值稳定后，按住"校准"键不放，当液晶屏显示 CAL 符号时放开，先显示闪烁的 6.86，数秒后显示 End 符号，再显示 pH 校准数值（此时显示的 pH 值随温度不同而不同，例如 25℃时显示 6.86，15℃就显示 7.04，这些都是芯片内定的数值），表示完成校准并被记忆。

数字资源3-1
pHS-3C酸度计的使用

（4）斜率校准Ⅰ

取出 pH 电极，用纯化水洗净并甩干，将复合电极插入 pH 4.00 标准缓冲溶液中，稍加搅动后静止放置，待测量值稳定后，按住"校准"键不放，当液晶屏显示 CAL 符号时放开，先显示闪烁的 4.00，数秒后显示 End 符号，再显示

pH 校准数值，表示完成校准并被记忆。完成校准后会自动显示电极在该线性段的斜率百分比。

(5) 斜率校准Ⅱ

取出 pH 电极，用纯化水洗净并甩干，将复合电极插入 pH9.18 标准缓冲溶液中，稍加搅动后静止放置，待测量值稳定后，按住"校准"键不放，当液晶屏显示 CAL 符号时放开，先显示闪烁的 9.18，数秒后显示 End 符号，再显示 pH 校准数值，表示完成校准并被记忆。完成校准后会自动显示电极在该线性段的斜率百分比。

(6) 测量 pH 值

用温度计测量溶液的温度，然后按增加键"△"或减少键"▽"将仪器的温度值调整准确。将电极移出，用纯化水洗干净，并用滤纸吸干后将复合电极插入待测溶液中，搅拌使溶液均匀，静止放置，待测量值稳定时仪器显示的数值即该溶液的 pH 值。

(7) 测量电极电位

① 将所需的离子选择性电极和参比电极按要求接好，按下"mV"键。

② 将电极用纯化水洗干净，并用滤纸吸干后插入待测溶液中，搅拌使溶液均匀，仪器显示的数值即该溶液的电极电位值。

(8) 注意事项

① 注意保护电极，防止损坏或污染。在将电极从一种溶液移入另一种溶液之前，应用纯化水清洗电极，用滤纸吸干。不要刻意擦拭电极的玻璃球泡，否则可能导致电极响应迟缓。最好用被测液冲洗电极。

② 电极插入溶液后要充分搅拌均匀（2~3min），待溶液静止后（2~3min）再读数。

③ 电极保护液为 3mol·L^{-1} KCl 溶液。电极的引出端，必须保持干净和干燥，防止短路。

④ 电极不应长期浸泡在纯水中，不用时，应将电极插入装有电极保护液的瓶内，以使电极球泡保持活性状态。

⑤ 标准 pH 缓冲溶液是测定 pH 时用于校正仪器的基准试剂，其值的准确性直接影响测定结果的准确度。在选用标准缓冲溶液时，应尽可能使其与待测溶液的 pH 相接近（ΔpH＜2），可以减小误差。

⑥ 待测溶液应与标准缓冲溶液处于同一温度，否则需重新进行温度补偿和校正调节。

二、紫外-可见分光光度计及其使用

1. 紫外-可见分光光度计基本结构

紫外-可见分光光度计种类和型号繁多，但其基本结构和原理相似，普通紫外-可见分光光度计原理如图 3-3 所示，主要由光源、单色器、样品池（吸收池）、检测器、信号显示系统五个部分组成。

图 3-3　紫外-可见分光光度计原理

紫外-可见分光光度计基于样品对单色光的选择吸收特性，用于对样品进行定性和定量分析。在一定条件下，吸光物质对单色光的吸收符合朗伯-比尔定律，即：

$$A = KcL$$

式中，A 为吸光度；K 为样品溶液的吸光系数；L 为液层厚度（即比色皿厚度），cm；c 为吸光物质的浓度。由上式可知，当 K、L 一定时，吸光物质的吸光度与其浓度 c 呈线性关系。只要测出吸光度 A 就能得到待测液的浓度。

2. 分光光度计的使用方法

以 721 型光栅分光光度计为例，如图 3-4 所示。

图 3-4　721 型光栅分光光度计

(1) 操作规程

① 开机预热,仪器在使用前应预热 30 分钟。

② 波长调整,转动波长旋钮,并观察波长显示窗,调整至需要的测试波长。

③ 调 T 零（0%）。在 T 模式时,将遮光体置入样品架,合上样品室盖,并拉动样品架拉杆使其进入光路。然后拉动"0%T"按钮,显示器上显示"00.0"或"－00.0",便完成调 T 零,完成调 T 零后,取出遮光体。

数字资源3-2
玻璃比色皿的使用

④ 吸光度测试。按动"功能键",切换至透射比测试模式。调整测试波长。置入遮光体,合上样品室盖,并使其进入光路,按动"0%T"键调 T 零,此时仪器显示"00.0"或"－00.0"。测试模式应在透射比（T）模式;如果未置入遮光体便合上样品室盖,并使其进入光路则

数字资源3-3
721型分光光度计的使用

无法完成调 T 零;调 T 零时,不要打开样品室盖、推拉样品架;调 T 零后,如切换至吸光度测试模式,显示器上显示为". EL"。完成调 T 零后,取出遮光体。按动"功能键",切换至吸光度测试模式。置入参比样品,按动"100%T"键,此时仪器显示"BL",延时数秒后显示"－.00"或".00"。置入待测样品,读取测试数据。

⑤ 透射比测试。按动"功能键",切换至透射比测试模式。调整测试波长。置入遮光体,合上样品室盖,并使其进入光路,按动"0%T"键调 T 零,此时仪器显示"00.0"或"－00.0"。完成调 T 零后,取出遮光体。置入参比样品,按动"100%T"键,此时仪器显示"BL",延时数秒后便显示"100.0"。置入待测样品,读取测试数据。

(2) 注意事项

① 玻璃比色皿一套四只,供可见光谱区使用。每台仪器所配套的比色皿不得与其他比色皿随意单个调换。用手拿比色皿的磨砂表面,不应该接触比色皿的透光面,比色皿装液不得超过比色皿容量4/5,比色皿壁上液滴应用擦镜纸或绸布擦干,即透光面上不能有手印或溶液痕迹,待测溶液中不能有气泡、悬浮物,否则也影响样品的测试精度。

② 为确保仪器稳定工作,电源电压一定要稳定,仪器的光学系统不得随意拆卸,要保持内部干燥。试样不宜长时间放于样品室,比色皿中装挥发性样品时要加盖。

③ 不要在仪器上方倾倒测试样品，以免样品污染仪器表面，损坏仪器。

④ 转动测试波长调满度后，以稳定 5 分钟后进行测试为好（符合行业标准及国家计量检定规程要求）。仪器使用时，注意每次改变波长或灵敏度时，都要用参比溶液调节"$0\%T$"旋钮和"$100\%T$"旋钮。

⑤ 比色皿使用完后要用纯化水荡洗 3 次，倒置晾干后存放于比色皿盒内。在日常使用中应注意保护比色皿透光面，使其不受损坏或产生划痕，以免影响透光率。用于盛装样品、参比溶液的比色皿，当装入同一溶剂时，在规定波长处测定比色皿的透光率，透光率之差在±0.3%以下者可配对使用，否则必须加以校正。

⑥ 仪器连续使用时间不宜过长，最好是工作 2h 左右并让仪器间歇 30min 后，再继续使用。

⑦ 在停止工作的时间里，用防尘罩罩住仪器，同时在罩子内放置数袋防潮剂（硅胶），以免灯室受潮、反射镜镜面发霉或沾污，影响仪器日后的工作。

3. 紫外-可见分光光度计的使用方法

以岛津 UV-1800 型紫外-可见分光光度计为例，如图 3-5 所示。

图 3-5　岛津 UV-1800 型紫外-可见分光光度计

(1) 测定前准备工作

① 检查样品室的物品遗留并关闭样品室。

② 打开仪器电源开关，仪器进入初始化，仪器初始化完成后，进入"注册"栏；按 ENTER 键，进入"模式"菜单栏。

③ 开启样品室盖，将两个均盛"空白溶液"的比色皿，放入样品室比色皿架的"参比 R"及"样品 S"位置后，关闭样品室盖。

(2) 单波长光度测定

① 选择菜单 1，按 1 键，仪器自动进入"光度"栏，再按 1 键，选择单波

长的光度测定。

② 按 F1 键，选择透光率 T% 或吸光度 A 键。

③ 按 GOTO WL 键，输入所需测定的波长后，按 ENTER 键。按 AUTO ZERO 键，校正零点。

④ 开启样品室，将样品池中的"空白溶液"换为"样品液"后，稳定仪器，显示所测样品液的吸光度。

⑤ 按 START STOP 键，仪器显示标准格式的样品测试值。如需继续测定，重复步骤②和③。

(3) 吸收光谱测定

① 选择菜单 2，按 2 键仪器进入"光谱"栏。

② 设定测定光谱的参数、测定模式、扫描范围、扫描波长、扫描速度、扫描次数等。如选择"扫描范围"按 2 键，输入起始波长后，按 ENTER 键，再输入终止波长后，按 ENTER 键，则仪器自动进入参数设置。

③ 确认各参数已设定后，开启样品室，在参比池 R 和样品池 S 中，分别放入均盛空白溶液的比色皿，按 基线校 E 键，进行基线校 E。

④ 将样品池 S 的空白溶液换为样品溶液，然后按 START STOP 键，则仪器屏幕上显示扫描吸收曲线。

⑤ 待扫描结束，按 F2 键进入数据处理，按相应的项目：四种操作、微分、峰、面积计算、选点、数据打印等，获取所需测试项目数据。

(4) 关机

仪器使用完毕，取出样品室内比色皿后，关闭仪器，做好登记记录。

(5) 注意事项

测定时，样品室应关严，样品室如未关好易引入杂散光，仪器吸光度下降，输入各参数值时，仪器允许的输入范围在屏幕下方均有显示。

三、红外分光光度计及其使用

1. 红外分光光度计基本结构

目前国内外生产和使用的红外-分光光度计主要有两大类：色散型红外分光

光度计和干涉分光型（傅里叶变换）红外分光光度计（FT-IR）。下面简单介绍傅里叶变换红外分光光度计。

傅里叶变换红外分光光度计是利用干涉仪干涉调频的工作原理，把光源发出的光经迈克尔逊干涉仪变成干涉光，再让干涉光照射样品，接收器接收到带有样品信息的干涉光，再由计算机软件经傅里叶变换，即可获得样品的光谱图，基本原理如图 3-6 所示。

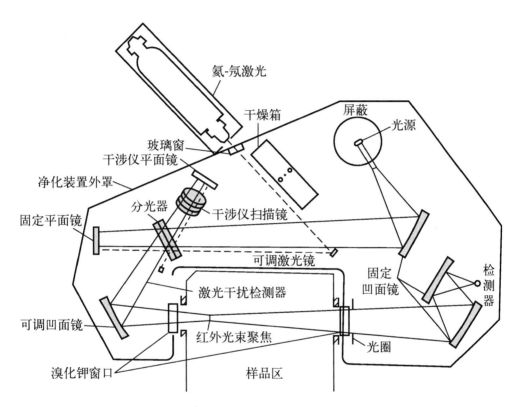

图 3-6　傅里叶变换红外分光光度计原理

2. 红外分光光度计的使用

下面以常用的 Bruker Tensor 27 型傅里叶红外分光光度计为例，简单介绍其基本操作。

（1）仪器实图

Bruker Tensor 27 型傅里叶红外分光光度计如图 3-7 所示。

（2）操作规程

① 接通电源：开机前先检查仪器室内的温度及湿度是否符合要求，并检查样品室内有无异物；开启主机电源开关；开启计算机显示器开关、主机电源开

图 3-7　Bruker Tensor 27 型傅里叶红外分光光度计

关及打印机开关。

② 系统启动：主机开启数秒后，可听见"滴滴"两声，仪器右上方"Status"显示由红变为绿色，表示仪器自检完毕，预热 30min，开启计算机主机。用鼠标双击桌面 OPUS 图标，显示屏出现 OPUS 登录页面，在光标处输入密码（大写 OPUS）。点击 OK 键，进入 OPUS 软件操作系统。

③ 光谱测定：测量项进入，点击 测量 M ，选择并点击 高级测量选项 A 或直接点击 高级数据采集 ，进入测量项；点击 基本设置 ，依次输入"样品描述"和"样品形态"；点击 高级设置 ，依次输入文件名和路径，再根据需要选择设置分辨率、样品扫描时间（32 scans）、背景扫描时间（32 scans）、光谱记录范围（4000~400cm^{-1}）、结果谱图（transmittance）等相应的参数。对于常规操作，参数设置为括号内数值，且在"在需保存的数据块"中选择"Transmittance""单通道光谱""背景"；点击 检查信号 并记录位置项所显示数值（大于10000），确认在正常状态，点击 保存峰位 。

压片：取供试品 1~2mg，加 200 目干燥的溴化钾粉末 200mg，置于玛瑙乳钵中研磨，装入压片模具，边抽边加压，至规定压力（一般为 8t）并保持压力约 10min，除去压力，则得厚度约 1mm 的透明溴化钾片（直径为 13mm），即可测定。

测量背景单通道光谱：打开样品室盖，将空白片放入样品室的样品架上，点击 测量背景单通道光谱 ，此时将自动记忆背景的红外光谱图并进行光谱测定。

测量样品单通道光谱：打开样品室盖，取出空白片，将经适当方法制备的样品放入样品架上，关盖，用鼠标点击 测量样品单通道光谱 ，扫描结束后显示屏出现样品的红外吸收光谱。

选中 TR 数据块，单击 谱图处理 ，进行谱图处理，确认谱图后，根据需要确定不同的打印格式，打印红外光谱图。

测定下一供试品的红外光谱图时，重复上述操作，如果长时间操作或更换空白基质时，应注意及时测定空白背景。

④ 关机，使用登记：测定完毕后，逐级关闭窗口，关闭计算机主机、显示器、分光光度计主机、打印机；填写使用登记。

3. 注意事项

① 实验过程中，不要用手触摸透明玻璃，以免影响透光率。

② 用清洁、干燥的气体吹扫仪器，可消除空气中的水分和二氧化碳的影响，吹扫时，气体的压强不要超过 0.2MPa。

③ 检查仪器分辨率高于 $1cm^{-1}$ 时，应采用一氧化碳气体。

④ 红外分光光度计使用环境要求相对湿度 65% 以下，温度 15~30℃，二氧化碳对仪器影响很大，要适当通风换气；另外，仪器不经常使用也要定期开机，一般每次 4h 以上。

⑤ 要定期检查仪器的有效性，检查能量值、波数准确性、透过率、波数重现性、透过率重现性。

四、气相色谱仪及其使用

气相色谱法（gas chromatography，GC）是以气体作流动相的色谱分离分析方法，主要用于分离分析挥发性成分。其分离过程为：待测样品气化后，被载气带入气相色谱柱，样品中的各组分在流动相和固定相之间分配，或由于吸附系数的差异各组分在两相间进行多次分配，与固定相作用力相对较小的组分先流出色谱柱，作用力较大的组分后流出色谱柱，在色谱柱后的检测器将各组分按顺序检测出来。

1. 气相色谱仪的基本结构

气相色谱仪基本结构由五个部分组成，载气系统（包括钢瓶、减压阀、净化器、流量计等）、进样系统、分离系统、检测系统和记录系统。结构如图 3-8 所示。

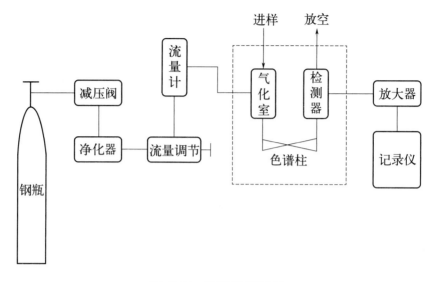

图 3-8　气相色谱结构

（1）载气系统

气相色谱的流动相称为载气，He、N_2 和 H_2 可作为载气，由高压瓶或高纯度气体发生器提供，经过适当的减压装置，以一定的流速经过进样器和色谱柱。

（2）进样系统

进样系统由进样器、气化室和加热器组成。其作用是使样品进入气化室瞬间气化后被载气带入色谱柱分离。进样方式一般采用溶液直接进样、自动进样或顶空进样。

（3）分离系统

气相色谱仪的分离系统包括柱箱及色谱柱两个部分。色谱柱是气相色谱系统的核心，由柱管与固定相组成。色谱柱分为毛细管柱和填充柱。毛细管色谱柱的填料是通过化学反应将固定相键合在管壁上。

（4）检测系统

检测系统由检测器、放大器及记录仪等构成。经过色谱柱分离后，各组分依次进入检测器，按其浓度或质量随时间的变化情况，经放大器放大后记录显示，并绘出色谱图。气相色谱中常用检测器有热导池检测器（TCD）、电子捕获检测器（ECD）、氢火焰离子化检测器（FID）、火焰光度检测器（FPD）、质谱检测器（MS）等。

2. 气相色谱仪的使用

以岛津 GC-2010 气相色谱仪为例，介绍其使用方法。

(1) 仪器图例

岛津 GC-2010 气相色谱仪如图 3-9 所示。

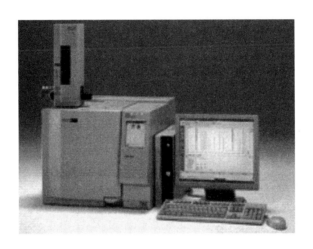

图 3-9　岛津 GC-2010 气相色谱仪

(2) 操作规程

① 操作前准备。

开启柱箱门：将色谱柱接至所选用的一对检测器和进样口的相应接口上（用装柱的专用工具，控制插入接口的毛细管长度，长的为检测器，短的为进样口）。

打开载气（氦气）高压阀：缓缓旋动低压阀的调节杆，调节气压至 0.5~0.6MPa。

接通电源：依次打开主机、计算机、氢气发生器、空气发生器和打印机的开关。

② 主机操作。双击电脑 GC solution 图标，显示此操作平台。点击 操作 显示登录窗，点击 确定 ，主屏幕显示 GC 实时分析。点击 配置维护 ，点击 系统配置 ，设置所选择的系统配置。点击 仪器参数 ，进入仪器参数设置页面。

进样口参数：进样口温度、载气、氢气、控制的流量、吹扫流量。

设置柱箱的参数：温度、平衡时间。点击该页面内的 设置 键，选择所注册的色谱柱（或重新注册并选择）并确定。

设置检查器的参数：温度、采样速度、停止时间以及尾吹流量、空气流量、氢气流量。

若为自动进样器：单击 AOC-20i＋S，设置进样的参数，有进样体积、溶剂冲洗（前后）次数、样品冲洗次数、柱塞速度、黏度补偿时间、柱塞进样速度、进样器进样速度以及进样方法。

用填充柱时：尾吹流量设为 0，氢气流量为 47.0mL·min^{-1}，空气流量为 400.0mL·min^{-1}。

用毛细管时：需设定分流或不分流方式，并设定相应的分流比。通常尾吹流量为 30.0mL·min^{-1}，氢气流量为 40.0mL·min^{-1}，空气流量为 400.0mL·min^{-1}。

应用 FTD 检测器时：应设加电流值。

点击 下载，将所设的参数，传输至仪器的控制系统。点击 开启系统，仪器启动，仪器运行各参数并自动达到设定值（包括自动点火），至 GC 状态到达"准备就绪"，基线平稳时，即可进样。必要时应稳定 1～2h 后进行进样。

③ 单次分析及数据处理。点击 单次分析，进入单次分析界面，点击 样品记录，输入相应参数、样品名称、样品编号。若手动进样，进样后，立即单击 开始；若自动进样，应输入各样品号，然后单击 开始，则仪器进入自动采样测定。

数据处理：回到主屏，双击 GC Postrun Analysis 调出已经收集的色谱图，进行数据处理。调出报告模式，放入数据，即可打印报告。

④ 关机。样品测定完毕后，关氢气发生器、空气压缩机电源开关。将柱温、进样器温度、检测器温度降到 100℃以下。关闭色谱系统，退出操作系统，关闭计算机、打印机、GC-2010 主机、电源开关。放出空气压缩机剩余空气。关断各项气源，关闭仪器总开关。

3. 气相色谱仪使用的注意事项

① 进样口胶垫、玻璃衬管中石英棉按要求（100 次）定期更换。

② 柱箱温度比进样口、检测器温度低 30℃以上。

③ 因为柱箱升温比较快，所以在进样口和检测器温度比较低时，先将柱箱温度设低一点，待进样口和检测器温度升上去后再升柱箱温度。

④ 气路应定期检漏。

五、高效液相色谱仪及其使用

1. 高效液相色谱仪的基本结构

高效液相色谱仪一般由高压输液系统、进样系统、分离系统、检测系统和记录系统等五部分组成，结构如图 3-10 所示。

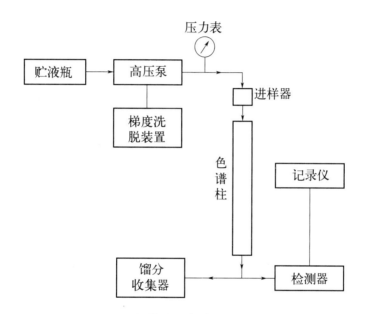

图 3-10 高效液相色谱仪结构示意图

高压泵将贮液瓶内的流动相送到色谱柱入口，样品液由进样器注入色谱系统，随流动相进入色谱柱，样品与固定相相互作用。由于样品中各组分在物理和化学性质上的差异，所以其与固定相之间产生的作用力（吸附、分配、排阻、亲和）大小、强弱不同，随着流动相的移动，样品液在两相间经过反复分配平衡。各组分被固定相保留的时间不同，所以其按一定次序依次流出色谱柱，进入检测器，并将检测信号送入工作站（或记录仪），工作站给出各组分的色谱峰及相关数据。流出检测器的各组分，可依次进行自动收集或废弃。

（1）输液系统

输液系统主要包括贮液瓶、高压泵、过滤器和梯度洗脱装置。

（2）进样系统

最常用的进样器是六通阀进样器和自动进样器。

① 目前高效液相色谱仪普遍采用的高压进样阀是六通进样阀，如图3-11所示。在流动相不通过的情况下，即六通进样阀处于状态（a），用微量注射器将试样注入贮样管。然后，转动六通阀手柄至状态（b），贮样管内的试样即被流动相带入色谱柱。进样量由固定体积的贮样管控制，可按需更换。要使用平头微量注射器，不能用尖头的微量注射器，否则会损坏六通阀的转子密封垫，造成漏液。

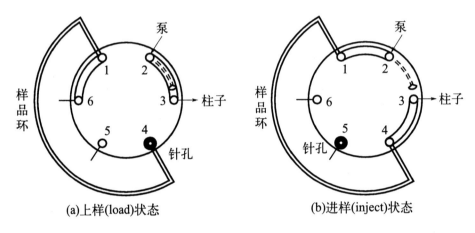

图3-11 六通进样阀示意图

② 自动进样器。自动进样器由计算机软件控制，按预先编制的进样操作程序工作，自动完成定量取针、洗针、进样、复位等过程，进样量连续可调，进样重现性好，适合于大批量分析。

（3）分离系统

色谱柱是色谱仪最重要的部件。色谱柱按规格可分为分析型和制备型。常用分析型柱的内径为3.9～4.6mm，柱长为15～25cm，填充粒径3～10μm，以理论塔板数计，柱效大约7万至10万。实验室制备型柱的内径为6～20mm，柱长10～30cm。常用的有十八烷基硅烷键合硅胶（又称ODS柱或C18柱）、辛烷基硅烷键合硅胶（C8柱）、氨基或氰基键合硅胶等。

（4）检测系统

检测器应具有高灵敏度、低噪声、线性范围宽、重复性好、适应性广、死体积小、对流量和温度不敏感和实时分析等特点。常用的有紫外-可见光检测器（UVD），荧光检测器（FLD）、示差折光检测器（RID）、电化学检测器（ECD）和质谱检测器（MSD）。

2. 高效液相色谱仪的使用

以岛津 LC-20AT 液相色谱仪为例,介绍高效液相色谱仪的使用方法。

(1) 仪器实图

岛津 LC-20AT 液相色谱仪如图 3-12 所示。

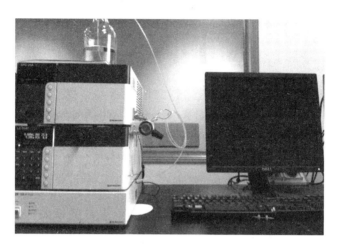

图 3-12　岛津 LC-20AT 液相色谱仪

(2) 操作规程

① 开关及顺序。

开机顺序:依次打开 LC 各单元电源、控制器电源、电脑、LC-solution 工作站,开机后能听到"哔"声。

关机顺序:与开机顺序相反,即先关闭 LC-solution 工作站,再关闭控制器、LC 各单元电源。

② 流动相及样品的准备。流动相配制所用的有机相必须是色谱级的,所用的水必须是纯化水。流动相必须经过 $0.45\mu m$ 以下的微孔滤膜过滤后方能进入 LC 系统。水和有机相所用的微孔滤膜不同,有机相(如甲醇)的过滤用有机膜(F膜),水用水膜。

样品溶液亦必须用 $0.45\mu m$ 的微孔滤膜过滤后才能进样。

③ 工作站的进入及系统的开启。双击桌面上的 lab solution 图标,单击 分析 进入工作站。首先打开泵上的排气阀("open"方向旋转 180°)。然后按泵面板上的 purge 键开始自动清洗流路 3min,再次按下 purge 键,关上排气阀

("close"方向旋转 180°），然后在分析参数设置页中设置流速 1mL·min^{-1}，并设置合适的检测波长、柱温、停止时间。在完成后点击 $\boxed{\text{download}}$ 将分析参数传输至主机。

分析方法保存：选择文件—保存方法文件为—取名并保存文件。

系统的启动：点击 $\boxed{\text{instrument on/off}}$ 键开启系统（此时泵开始工作）。

④ 进样准备。观察基线及柱压，待基线平直（$-5\sim80\text{mV}$）、压力稳定（0.5MPa 内）时方可进样。

⑤ 进样。点击助手栏中的 $\boxed{\text{单次运行}}$ 键，弹出对话框，在对话框中输入"样品名""方法""数据文件"等。

填完后点击 $\boxed{\text{确定}}$，出现触发窗口，（手动）进样，仪器开始自动采集分析。

⑥ 数据文件的调用及查看。点击助手栏中的 $\boxed{\text{数据分析}}$ 键，打开数据处理窗口。打开文件搜索器，定位至数据文件所在文件夹，选择文件的类型，双击文件名即可打开数据文件（此时可以查看峰面积、保留时间等参数）。

⑦ 数据文件中图谱及数据的打印。

报告模板的制作：在助手栏中选择 $\boxed{\text{报告模板}}$ 键，出现空白页后，点击 $\boxed{\text{样品信息}}$、$\boxed{\text{LC/PDA 色谱}}$、$\boxed{\text{LC/PDA 峰表}}$ 等快捷按钮，在空白页中拖拽鼠标，即可一次加入相应的统计信息。

报告模板的保存：$\boxed{\text{文件}}$—$\boxed{\text{保存报告模板文件}}$。

数据文件的打印：在文件搜索器中选择欲打印的数据文件，拖拽至报告模板中，然后点击助手栏中的打印按钮即可（也可根据不同方法进行定量处理后打印）。

3. 高效液相色谱仪使用的注意事项

① 流动相及样品必须用 $0.45\mu\text{m}$ 的滤膜过滤，流动相不能含有腐蚀性物质（水相用水膜，有机相用有机膜）。

② RINSE 液可以用甲醇。流路在使用前必须按 $\boxed{\text{purge}}$ 键运行 3min 以排气泡。

③ 柱子在进样前必须用流动相充分平衡，一般平衡 40min 左右。待基线及柱压稳定后方可进样。

④ 柱子在每天分析结束后必须用甲醇冲洗干净（一般 30min）。如果流动相

中含有盐、酸等成分，则冲洗柱子的程序为：90％的水（40min）—纯甲醇（30min）。

⑤ 清洗瓶中的水应每天更换，最好加入10％的异丙醇。

⑥ 防止任何固体微粒进入泵，泵的工作压力不能超过规定的最高压力，泵工作时应防止溶剂瓶内流动相被用完。

⑦ 色谱柱的正确使用和维护十分重要，在操作中应注意选择适宜的流动相，避免破坏固定相；避免压力、温度剧变和机械振动；对生物样品、基质复杂样品在注入前应进行预处理；经常用强溶剂冲洗色谱柱，清除柱内杂质。

⑧ 在进行梯度洗脱时应注意溶剂的互溶性，不互溶的溶剂不能作梯度洗脱的流动相，另外溶剂纯度要高。

六、DDS-307A 型电导率仪操作规程

DDS-307A 型电导率仪如图 3-13 所示。

图 3-13　DDS-307A 型电导率仪

1. 开机前的准备

① 将多功能电极架插入多功能电极架插座中，并拧好。
② 将电导电极（DJS-0.1C）及温度电极安装在电极架上。
③ 用纯化水清洗电极。

2. 操作流程

① 连接电源线，打开仪器开关，此时仪器进入测量状态；待预热 30min 后进行仪器校准。

② 在测量状态下，按仪器面板上的 电导率/TDS 键将仪器切换到电导率测量界面，按温度键设置当前的温度值；按 电极常数 和 常数调节 键进行电极常数的设置。

③ 温度设置：仪器接上温度电极，将温度电极放入待测溶液中，仪器显示的温度数值为自动测量溶液的温度值，仪器自动进行温度补偿，此时不需要进行温度设置。

④ 电极校准：仪器每次使用前必须进行电极常数的设置及校准，设置时根据所选择电极上标注的电极常数值进行设置（纯化水测量选择电极常数为 0.1 的电导电极进行测试）。

a. 按仪器面板上电极常数，电极常数的显示在 10、1、0.1、0.01 之间转换，如果电导电极标贴的电极常数为 0.1010，则选择 0.1 并按确认键；再根据现场情况，上下箭头组合调，最终调整成 1.010 即可；按确认键，此时完成电极常数及数值的设置，设置完毕后按"电导率/TDS"键，返回测量状态。

b. 将电导电极接入仪器，断开温度电极，手动设置温度为 25.0℃，此时仪器显示的电导率值是未经温度补偿的绝对电导率值。

c. 用纯化水清洗电导电极，将电导电极浸入标准溶液中（0.01mol·L^{-1} 氯化钾溶液）。

d. 控制溶液温度恒定为 24.9～25.1℃，把电极浸入标准溶液中，读取仪器电导率值 $K_{测}$。

e. 按照公式计算电极常数 J：$J=K/K_{测}$（式中 K 为溶液标准电导率：25℃下 0.01mol·L^{-1} 氯化钾溶液的标准电导率为 0.0014083）。

⑤ 测量：仪器进入电导率测量状态下，采用温度传感器，仪器接上电导电极、温度电极，用纯化水清洗电极头部，再用被测溶液清洗一次。

a. 将温度电极、电导电极浸入被测溶液中，用玻璃棒搅拌（或不断摇动被测液体容器）使溶液均匀。

b. 于显示屏上读取溶液的电导率值。（此时显示屏上所显示的温度值为温度电极自动测量的溶液温度值，仪器所显示的电导率值为自动进行温度补偿的数值。）

3. 注意事项

① 长期不使用的电极应贮存在干燥的地方，电极使用前必须放入纯化水中浸泡数小时，经常使用的电极应放入纯化水中。

② 电极应于每天测量前进行常数标定。

七、ZDJ-5 型自动滴定仪操作规程

ZDJ-5 型自动滴定仪如图 3-14 所示。

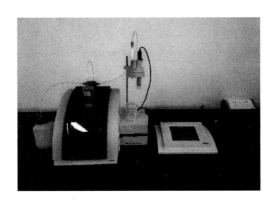

图 3-14　ZDJ-5 型自动滴定仪

ZDJ-5 型自动滴定仪使用规程：
① 润洗。用滴定液或待标定溶液润洗。
② 装液。将滴定液或待标定溶液装入储液瓶。
③ 开机。打开仪器电源，注意将显示屏幕的连接线连接好。
④ 安装好电极。
⑤ 清洗滴定管路系统。根据需要选择清洗次数，按"清洗"键进行清洗，等待仪器清洗结束或自行决定终止清洗。
⑥ 给滴定管补液，按"补液"键进行补液。
⑦ 滴定。调整滴定管及电极的位置，设置搅拌速度，注意搅拌子不要碰到电极和滴定管。
⑧ 按滴定键开始滴定，根据需要选择滴定模式，按指示进行操作。
⑨ 滴定结束，清洗管路，整理仪器，关闭电源，登记使用记录。

第四章
化学反应基本原理与应用实验

实验一　氯化钠的提纯

一、实验目标

知识目标：
1. 掌握提纯氯化钠的原理和方法。
2. 熟悉试剂取用、溶解、减压过滤、蒸发浓缩、结晶和烘干等基本操作。
3. 了解 Ca^{2+}、Mg^{2+}、SO_4^{2-} 等离子的定性鉴定。

能力目标：
1. 能够学会用化学方法提纯粗食盐。
2. 能够定性检验食盐中的 Ca^{2+}、Mg^{2+}、SO_4^{2-}。

素质目标：
1. 要求有严谨求实的学习态度。
2. 要求勤于思考，勤于实践，积极主动完成实验。

二、实验原理

粗食盐含有少量泥沙等不溶性杂质及 K^+、Ca^{2+}、Mg^{2+}、Fe^{3+}、SO_4^{2-}、

CO_3^{2-}、Br^-、I^-、NO_3^- 等可溶性杂质离子。通过溶解、过滤，除去泥沙等不溶性杂质。可溶性杂质离子则通过加沉淀剂使 Ca^{2+}、Mg^{2+}、SO_4^{2-} 等杂质离子转化为难溶沉淀物，过滤除去。

（1）加 $BaCl_2$，除 SO_4^{2-}

$$Ba^{2+} + SO_4^{2-} = BaSO_4 \downarrow$$

（2）加 NaOH、Na_2CO_3，除 Mg^{2+}、Ca^{2+}、Fe^{3+} 和过量的 Ba^{2+}

$$2Mg^{2+} + 2OH^- + CO_3^{2-} = Mg_2(OH)_2CO_3 \downarrow$$

$$Ca^{2+} + CO_3^{2-} = CaCO_3 \downarrow$$

$$Fe^{3+} + 3OH^- = Fe(OH)_3 \downarrow$$

$$2Fe^{3+} + 3CO_3^{2-} + 3H_2O = 2Fe(OH)_3 \downarrow + 3CO_2 \uparrow$$

$$Ba^{2+} + CO_3^{2-} = BaCO_3 \downarrow$$

（3）加 HCl，除过量 OH^-、CO_3^{2-}

$$OH^- + H^+ = H_2O$$

$$CO_3^{2-} + 2H^+ = CO_2 \uparrow + H_2O$$

可溶性杂质离子如 K^+、Br^-、I^-、NO_3^- 等，在滤液蒸发浓缩过程中留在母液中与 NaCl 晶体进行分离。

三、实验准备

仪器：电子天平（0.1g）、烧杯（100mL、200mL）、试管、量筒、玻璃棒、电炉、洗瓶、点滴板、石棉网、漏斗、布氏漏斗、抽滤瓶、蒸发皿、铁架台、铁夹、铁圈、药匙、镊子、真空泵、滤纸（中速 9cm、11cm）、pH 试纸、称量纸等。

试剂：NaOH 溶液（$2mol \cdot L^{-1}$、$6mol \cdot L^{-1}$）、HCl 溶液（$2mol \cdot L^{-1}$、$6mol \cdot L^{-1}$）、$BaCl_2$ 溶液（$1mol \cdot L^{-1}$）、HAc 溶液（$1mol \cdot L^{-1}$、$2mol \cdot L^{-1}$）、95%乙醇、粗食盐、饱和碳酸钠溶液、饱和草酸铵溶液、镁试剂Ⅰ（对硝基偶氮间苯二酚）、纯化水。

四、实验步骤

1. 粗食盐的提纯

(1) 称量、溶解

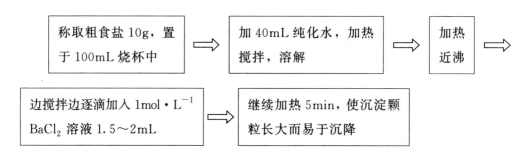

(2) 检查 SO_4^{2-} 是否除尽

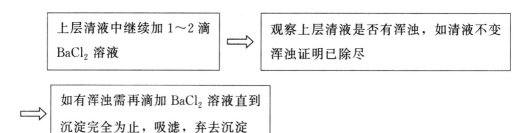

(3) 除 Mg^{2+}、Ca^{2+}、Fe^{3+} 和过量的 Ba^{2+} 等阳离子

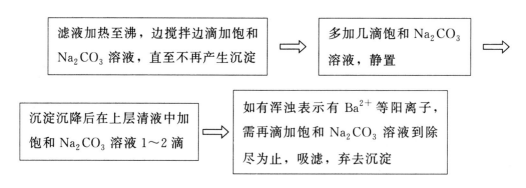

(4) 检查 Ba^{2+}、Ca^{2+}、Mg^{2+}、Fe^{3+} 是否除尽

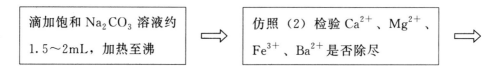

| 注意补充纯化水，保持原体积，防止 NaCl 晶体析出 | ⇨ | 加入 2mol·L⁻¹ NaOH 溶液，调节溶液 pH 值为 10～11 |

⇨ 继续煮沸 2～3min，冷却，普通过滤，弃去沉淀，滤液转移至蒸发皿中

（5）中和、蒸发和浓缩

| 滤液中滴加 2mol·L⁻¹ HCl 溶液，调节 pH 值为 4～5（用 pH 试纸检查），除去过量的 OH^-、CO_3^{2-} | ⇨ | 加热蒸发浓缩，液面出现一层结晶膜 | ⇨ |

| 改用小火加热并不断搅拌，以免溶液溅出 | ⇨ | 当蒸发至稀糊状时停止加热（切勿蒸干） |

（6）减压过滤、干燥

| 将浓缩液冷却至室温，用布氏漏斗减压过滤，弃去滤液 | ⇨ | 用少量 95% 乙醇淋洗产品晶体，抽干 |

⇨ | 将晶体转移到蒸发皿中，小火加热并搅拌（不冒水汽，呈粉状，无噼啪响声） | ⇨ | 冷却后称重，计算产率 |

2. 产品纯度的检验

取产品和原料各 1g，分别溶于 5mL 纯化水中，进行下列离子的定性检验。

（1）SO_4^{2-}

| 各取溶液 1mL 于试管中，分别加入 6mol·L⁻¹ HCl 溶液 2 滴和 1mol·L⁻¹ BaCl₂ 溶液 2 滴 | ⇨ | 比较两溶液中沉淀产生的情况 |

（2）Ca^{2+}

| 各取溶液 1mL 于试管中，分别加入 2mol·L⁻¹ HAc 溶液使其呈酸性，再分别加入饱和草酸铵溶液 3～4 滴 | ⇨ | 若有白色沉淀 CaC_2O_4 产生，表示 Ca^{2+} 存在。比较两溶液中沉淀产生的情况 |

(3) Mg^{2+}

| 各取溶液 1mL 于试管中，分别加入 5 滴 $6mol·L^{-1}$ NaOH 溶液和 2 滴镁试剂 I | $\Rightarrow$ | 若有天蓝色沉淀产生，表示 Mg^{2+} 存在。比较两溶液中沉淀产生的情况 |

五、数据记录与处理

1. 粗食盐的提纯

产品外观：_____ 产品质量/g：_____

产率 $= \dfrac{\text{精制食盐的质量}}{\text{粗食盐的质量}} =$ _____

2. 产品纯度检验表

检验项目			
检验方法			
产品			
原料			

六、问题讨论

1. 在除去 Ca^{2+}、Mg^{2+}、SO_4^{2-} 时，为什么要先加 $BaCl_2$ 溶液，然后再加 Na_2CO_3 溶液，最后再加 HCl 溶液呢？能否改变试剂加入的先后次序？

2. 为什么在溶液中加入沉淀剂（$BaCl_2$ 或 Na_2CO_3）后，要将溶液加热至沸？

3. 蒸发前为什么要用盐酸将溶液的 pH 值调节为 4～5？

4. 蒸发时为什么不可将溶液蒸干？

七、注意事项

1. 检查 Ba^{2+} 是否除尽时,将 Na_2CO_3 溶液沿烧杯壁加入,眼睛从侧面观看。
2. 用检验 SO_4^{2-} 是否除尽的方法检验 Ca^{2+}、Mg^{2+}、Fe^{3+}、Ba^{2+} 是否完全除尽。
3. 减压过滤时,布氏漏斗管下方的斜口要对着吸滤瓶的支管口;先接橡胶管,再开真空泵,然后加入固液混合物;停止抽滤时,需先拔掉连接的橡胶管,再关真空泵,以防反吸。
4. 蒸发皿可直接加热,不能骤冷。装入溶液的体积小于蒸发皿容积的 2/3。加热蒸发浓缩至液面出现一层结晶膜时,改用小火加热,并不断搅拌,以免溶液溅出。当蒸发至糊状稠液时,停止加热(切勿蒸干),否则易带入 K^+(KCl 溶解度大、浓度低,应留在母液中)。

实验二　缓冲溶液的配制和性质

一、任务目标

知识目标:

1. 掌握缓冲溶液的性质和配制方法。
2. 熟悉酸度计的原理和使用方法。

能力目标:

1. 学会配制缓冲溶液。
2. 学会酸度计、复合电极的使用和溶液 pH 的测定。

素质目标:

1. 要求有严谨求实的学习态度。
2. 要求勤于思考,勤于实践,积极主动完成实验。

二、实验原理

缓冲溶液具有抵抗少量强酸、强碱或稍加稀释仍保持其 pH 几乎不变的能力。缓冲溶液一般是由共轭酸碱对组成，其中弱酸为抗碱成分，共轭碱为抗酸成分。pH 计算公式为：

$$pH = pK_a + \lg \frac{c_{共轭碱}}{c_{弱酸}}$$

当弱酸和共轭碱的浓度相等时，pH 计算公式为：

$$pH = pK_a + \lg \frac{V_{共轭碱}}{V_{弱酸}}$$

计算出所需的弱酸及其共轭碱的体积，将所需体积的弱酸溶液及其共轭碱溶液混合，即得所需的缓冲溶液。

缓冲溶液的缓冲能力用缓冲容量来衡量，缓冲容量越大，其缓冲能力越大。缓冲容量与总浓度及缓冲比有关，当缓冲比一定时，总浓度越大，缓冲容量越大；当总浓度一定时，缓冲比越接近 1，缓冲容量越大（缓冲比等于 1 时，缓冲容量最大）。

由上述公式计算所得的配制溶液的 pH 为近似值，需用酸度计测定其 pH，再用酸或碱调整其 pH。pH 测定原理见第三章酸度计及其使用。

三、实验准备

仪器：试管（6 支）、试管架、玻璃棒、胶头滴管、洗瓶、酸式滴定管（25mL）、吸量管（1mL、10mL、20mL）、烧杯（100mL）、pHS-3C 型酸度计、洗耳球、复合电极、塑料烧杯（50mL，3 个）、精密 pH 试纸等。

试剂：HAc（2mol·L^{-1}、1mol·L^{-1}、0.1mol·L^{-1}）、NaAc（1mol·L^{-1}、0.1mol·L^{-1}）、NaH$_2$PO$_4$（2mol·L^{-1}、0.2mol·L^{-1}）、Na$_2$HPO$_4$（0.2mol·L^{-1}）、HCl（1mol·L^{-1}）、NaOH（2mol·L^{-1}、1mol·L^{-1}）、邻苯二甲酸氢钾标准缓冲溶液（0.05mol·L^{-1}）、混合磷酸盐标准缓冲溶液（0.025mol·L^{-1}）、溴酚红指示剂、纯化水等。

四、实验步骤

1. 缓冲溶液的配制

(1) 配制 20mL pH=5.00 的缓冲溶液

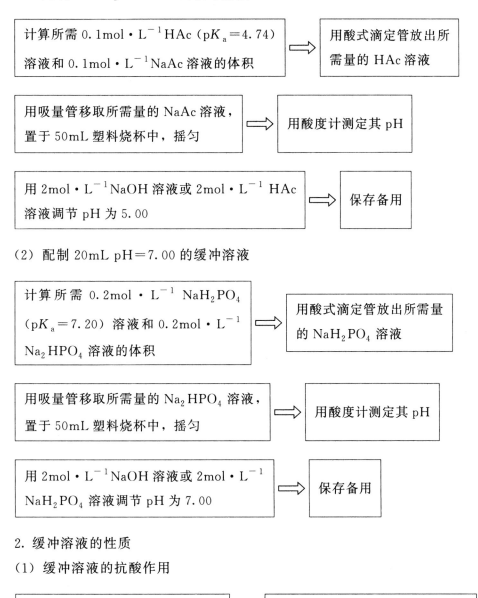

(2) 配制 20mL pH=7.00 的缓冲溶液

2. 缓冲溶液的性质

(1) 缓冲溶液的抗酸作用

(2) 缓冲溶液的抗碱作用

取 3 支试管，分别加入 3mL pH 为 5.00、7.00 的缓冲溶液和纯化水 ⇨ 各滴入 2 滴 1mol·L^{-1} NaOH 溶液，摇匀。用精密 pH 试纸分别测定其 pH，解释原因

(3) 缓冲溶液的抗稀释作用

取两支试管分别加入 0.5mL pH 为 5.00、7.00 的缓冲溶液 ⇨ 各加入 5mL 纯化水，摇匀，用精密 pH 试纸分别测定 pH

再取两支试管，一支加入 0.5mL 1mol·L^{-1} HCl 溶液，另一支加 0.5mL 1mol·L^{-1} NaOH 溶液 ⇨ 各加入 5mL 纯化水，摇匀，用精密 pH 试纸分别测定其 pH

3. 缓冲容量的比较

(1) 缓冲容量与总浓度的关系

在一支试管中加入 0.1mol·L^{-1} HAc 溶液和 0.1mol·L^{-1} NaAc 溶液各 2mL ⇨ 在另一支试管中加入 1mol·L^{-1} HAc 溶液和 1mol·L^{-1} NaAc 溶液各 2mL

测定两试管中溶液的 pH ⇨ 向两支试管中各滴入 2 滴溴酚红

向两支试管中分别滴加 1mol·L^{-1} NaOH 溶液，边滴加边振荡试管，直至溶液颜色变为红色 ⇨ 记录两支试管所加 NaOH 溶液的滴数，并解释

(2) 缓冲容量与缓冲比的关系

在一支试管中加入 0.1mol·L^{-1} NaAc 溶液和 0.1mol·L^{-1} HAc 溶液各 5mL ⇨ 在另一支试管中加入 9mL 0.1mol·L^{-1} NaAc 溶液和 1mL 0.1mol·L^{-1} HAc 溶液

| 计算两缓冲溶液的缓冲比，用精密 pH 试纸测定两溶液的 pH | ⇒ | 往每支试管中加入 1mL 1mol·L^{-1} NaOH 溶液。用精密 pH 试纸测量两溶液的 pH |

五、数据记录与处理

1. 抗酸作用

项目	纯化水	缓冲溶液（pH＝5.00）	缓冲溶液（pH＝7.00）
加入 1mol·L^{-1} HCl 后 pH			
解释			

2. 抗碱作用

项目	纯化水	缓冲溶液（pH＝5.00）	缓冲溶液（pH＝7.00）
加入 1mol·L^{-1} NaOH 后 pH			
解释			

3. 抗稀释作用

项目	缓冲溶液（pH＝5.00）	缓冲溶液（pH＝7.00）	HCl（1mol·L^{-1}）	NaOH（1mol·L^{-1}）
加入纯化水后 pH				
解释				

六、问题讨论

1. 若同样程度改变弱酸和共轭碱浓度,溶液 pH 是否改变?对缓冲容量有何影响?
2. 测定试样溶液 pH 时,为什么选择两种 pH 相差约 3 个单位的标准缓冲溶液校准酸度计,并且试样溶液的 pH 为什么介于两者之间?

七、注意事项

1. 酸度计的电极在每次使用前应先用纯化水冲洗干净,再用滤纸吸干,否则易破坏玻璃膜。
2. 标准缓冲溶液进行定位时,用专用、洁净的小烧杯取三分之一左右体积的溶液即可。

实验三 配合物的组成及稳定常数的测定

一、任务目标

知识目标:

1. 了解比色法测定配合物的组成和稳定常数测定的原理和方法。
2. 掌握移液管和容量瓶的使用方法。

能力目标:

1. 学习分光光度计的使用及有关实验数据处理方法。
2. 能正确进行实验记录和数据处理,并对结果进行报告。

素质目标:

1. 要求有严谨细致的学习态度。
2. 培养实事求是、勤于思考、团结协作、勇于创新的科学态度。

二、实验原理

磺基水杨酸与 Fe^{3+} 可形成稳定的配合物。形成配合物时,其组成因 pH 不同而不同,当 pH=2～3 时,生成紫红色螯合物(有 1 个配体);当 pH 值为 4～9 时,生成红色螯合物(有 2 个配体);pH 值为 9～11.5 时,生成黄色螯合物(有 3 个配体);pH>12 时,有色螯合物被破坏而生成 $Fe(OH)_3$ 沉淀。

如上所述,设中心离子和配体分别以 M 和 L 表示,且在给定条件下反应,只生成一种有色配离子 ML_n(略去电荷符号),反应式如下:

$$M + nL \Longrightarrow ML_n$$

若 M 和 L 都是无色的,而只有 ML_n 有色,则此溶液的吸光度 A 与有色配合物的浓度 c 成正比。在此前提条件下,本实验用等物质的量连续变更法(也叫浓比递变法),即保持金属离子与配体总物质的量不变的前提下,改变金属离子和配体的相对量,配制一系列溶液。显然在此系列溶液中,有些溶液中的金属离子是过量的,而另一些溶液中配体是过量的。在这两部分溶液中,配合物的浓度都不可能达到最大值,只有当溶液中金属离子与配体的物质的量之比与配合物的组成一致时,配合物的浓度才能最大,因而吸光度最大,故可借测定系列溶液的吸光度,求该配合物的组成和稳定常数,测定方法如下:

配制一系列含有中心离子 M 和配体 L 的溶液,M 和 L 的总物质的量相等,但各自的物质的量分数连续变更。例如,使溶液中 L 的物质的量分数依次为 0、0.1、0.2、0.3……0.9、1.0,而 M 的物质的量依次作相应递减。然后在一定波长的单色光中,分别测定此系列溶液的吸光度。显然,有色配合物的浓度越大,溶液颜色越深,其吸光度越大。当 M 和 L 恰好全部形成配合物时(不考虑配合物的解离),ML_n 的浓度最大,吸光度也最大。

再以吸光度 A 为纵坐标,以配体的物质的量分数为横坐标作图,得一曲线,如图 4-1 所示,所得曲线出现一个高峰 B 点。将曲线两边的直线部分延长,相交于 C 点,C 点即为最大吸收处。由 C 点的横坐标算出配合物中心离子与配体物质的量之比,确定对应配体的物质的量分数 T_L:

$$T_L = \frac{配体物质的量}{总的物质的量}$$

若 $T_L = 0.5$,则中心离子的物质的量分数为 $1.0 - 0.5 = 0.5$,所以:

$$T_L = \frac{配体物质的量}{总的物质的量} = \frac{配体物质的量分数}{总的物质的量分数} = \frac{0.5}{0.5} = 1$$

由此可知,该配合物组成为 ML 型。

配合物的稳定常数也可根据图 4-1 求得。从图 4-1 可看出,对于 ML 型配合物,若它全部以 ML 形式存在,则其最大吸光度应在 C 处,即吸光度为 A_1,但由于配合物有一部分解离,其浓度要稍小些,所以,实测的最大吸光度在 B 处,即吸光度为 A_2。显然配合物解离越大,则 $A_1 - A_2$ 差值越大,因此配合物的解离度 α 为:

$$\alpha = \frac{A_1 - A_2}{A_1}$$

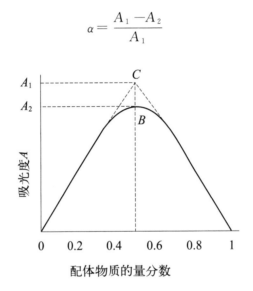

图 4-1 配体物质的量分数-吸光度图

配离子(或配合物)的表观稳定常数 K 与解离度 α 的关系如下:

$$\begin{array}{cccc} & \text{ML} & \rightleftharpoons & \text{M} + \text{L} \\ \text{起始浓度}/(\text{mol} \cdot \text{L}^{-1}) & c & & 0 \quad\quad 0 \\ \text{平衡浓度}/(\text{mol} \cdot \text{L}^{-1}) & c-c\alpha & & c\alpha \quad c\alpha \end{array}$$

$$K_{稳(表观)} = \frac{[\text{ML}]}{[\text{M}][\text{L}]} = \frac{1-\alpha}{c\alpha^2}$$

式中,c 表示 B 点所对应配离子的浓度。也可看成溶液中金属离子的原始浓度。

本实验是在 pH 值为 2~3 的条件下,测定磺基水杨酸铁(Ⅲ)组成和稳定常数,并用高氯酸来控制溶液的 pH 值,其优点主要是 ClO_4^- 不易与金属离子配合。

在不同 pH 条件下,不同电解质 lgα 值不同。在 pH=2 时,磺基水杨酸的 lgα=10.297,即:

$$K_{稳(pH2)} = K_{稳(表观)} \times 10^{10.297}$$

三、实验准备

仪器:锥形瓶(150mL,11 支)、吸量管(5mL,2 支)、容量瓶(50mL,2 个)、容量瓶(25mL,2 个)、洗耳球、擦镜纸、滤纸碎片、坐标纸、721 型分光光度计、滴管。

试剂:$HClO_4$(0.01mol·L^{-1})、$(NH_4)Fe(SO_4)_2$(0.01mol·L^{-1})、磺基水杨酸(0.0100mol·L^{-1})。

四、实验步骤

1. 溶液的配制

(1) 配制 0.001mol·L^{-1} Fe^{3+} 溶液

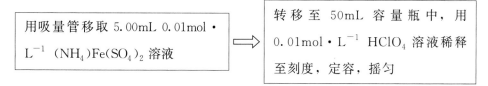

(2) 配制 0.001mol·L^{-1} 磺基水杨酸溶液

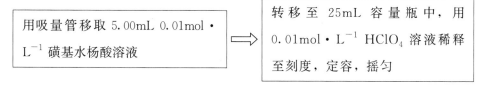

2. 测定有色配离子(或配合物)的吸光度

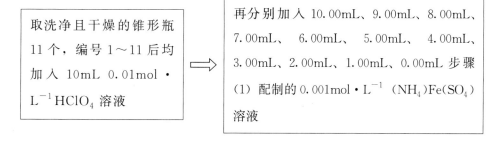

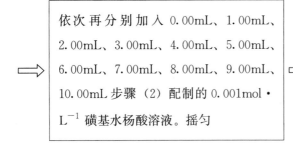

⟹ 测定各溶液的吸光度，记录结果

五、数据记录与处理

1. 作图

以配合物吸光度 A 为纵坐标，以磺基水杨酸的物质的量分数或体积分数为横坐标作配体物质的量分数-吸光度图。从图中找出最大吸光度。

2. 计算

由配体物质的量分数-吸光度图，找出最大吸光度，并算出磺基水杨酸铁（Ⅲ）配离子的组成和表观稳定常数。

六、问题讨论

1. 本实验测定配合物的组成及稳定常数的原理是什么？
2. 使用比色皿时，操作上有哪些注意事项？
3. 本实验为何选用 500nm 波长的光源来测定溶液的吸光度，在使用分光光度计时应注意哪些事项？

实验四　化学反应速率和化学平衡

一、实验目标

知识目标：

1. 掌握浓度、温度、催化剂对化学反应速率的影响。

2. 掌握浓度、温度对化学平衡的影响。

能力目标：

1. 学会在水浴中进行恒温操作。
2. 会对测定结果进行正确数据分析和判断。

素质目标：

1. 要求有严谨细致的学习态度。
2. 培养学生观察和分析解决问题的能力。

二、实验原理

化学反应速率是以单位时间内反应物浓度的减少或生成物浓度的增加来表示。化学反应速率除与反应物的本性有关外，还受浓度、温度、催化剂等因素的影响。

$Na_2S_2O_3$ 被酸酸化生成 $H_2S_2O_3$，$H_2S_2O_3$ 分解析出 S，反应如下：

$$Na_2S_2O_3 + H_2SO_4（稀） = Na_2SO_4 + H_2O + SO_2 + S\downarrow$$

析出硫使溶液变浑浊，从反应开始到出现浑浊所需时间长短，即可表示为反应速率的快慢。

温度对反应速率有显著的影响，对于大多数反应来说，温度升高，反应速率加快。上述反应在不同温度下，出现浑浊的时间不同，表明温度对反应速率具有影响。

催化剂可大大改变反应速率，如 H_2O_2 水溶液在常温时较稳定，加入少量 $K_2Cr_2O_7$ 溶液或 MnO_2 固体并作为催化剂，H_2O_2 分解很快。

在可逆反应中，当正反应和逆反应速率相等时即达到化学平衡。化学平衡是有条件的，改变浓度、温度等条件，化学平衡就向着削弱这个改变的方向移动。

$CuSO_4$ 和 KBr 会发生下列可逆反应。

$$Cu^{2+} + 4Br^- \rightleftharpoons [CuBr_4]^{2-}（黄色）$$

$FeCl_3$ 和 NH_4SCN 会发生下列可逆反应。

$$Fe^{3+} + nSCN^- \rightleftharpoons [Fe(SCN)_n]^{3-n} \ (n=1\sim6)（血红色）$$

通过改变浓度、温度等条件，上述反应化学平衡移动，溶液颜色会相应改变。

三、实验准备

仪器：小烧杯（100mL）、试管（6支）、量筒（10mL）、秒表、温度计（100℃）、水浴锅（冷、热）。

试剂：$Na_2S_2O_3$（0.04mol·L^{-1}）、H_2SO_4（0.04mol·L^{-1}、1mol·L^{-1}）、H_2O_2（3%）、$K_2Cr_2O_7$（0.1mol·L^{-1}）、MnO_2（s）、$CuSO_4$（1mol·L^{-1}）、KBr（s、2mol·L^{-1}）、$FeCl_3$（0.1mol·L^{-1}）、NH_4SCN（0.1mol·L^{-1}）、纯化水。

四、实验步骤

1. 浓度对反应速率的影响

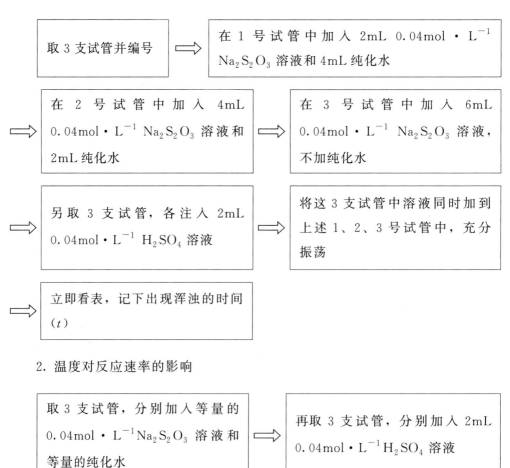

2. 温度对反应速率的影响

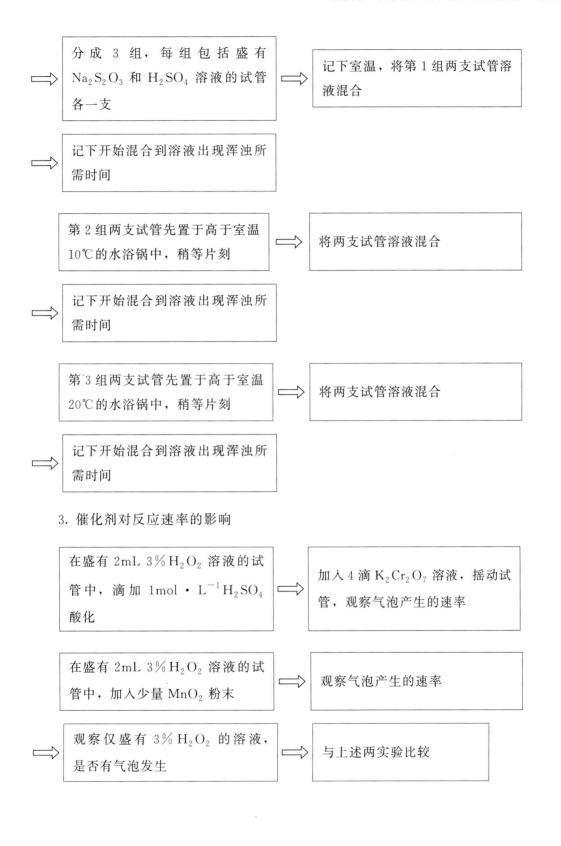

3. 催化剂对反应速率的影响

4. 浓度对化学平衡的影响

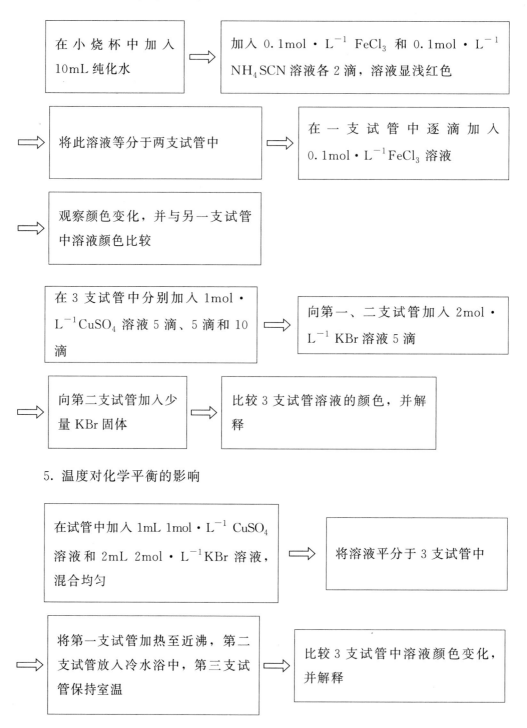

5. 温度对化学平衡的影响

五、数据记录与处理

1. 浓度对反应速率的影响

编号	试管①			试管②	混合后		溶液混合后变浑浊所需时间(t)/s
	$V(Na_2S_2O_3)$/mL	$V(H_2O)$/mL	$c(H_2SO_4)$/(mol·L^{-1})	$V(H_2SO_4)$/mL	$c(Na_2S_2O_3)$/(mol·L^{-1})	$c(H_2SO_4)$/(mol·L^{-1})	
1	2	4	0.04	2			
2	4	2	0.04	2			
3	6	0	0.04	2			

说明浓度对反应速率的影响：

2. 温度对反应速率的影响

编号	试管①		试管②	反应温度	出现浑浊所需时间/s
	$V(Na_2S_2O_3)$/mL	$V(H_2O)$/mL	$V(H_2SO_4)$/mL		
1	2	4	2		
2	2	4	2	比室温高10℃	
3	2	4	2	比室温高20℃	

说明温度对反应速率的影响：

3. 说明催化剂对化学反应速率的影响：

六、问题讨论

1. 影响化学反应速率和化学平衡的因素有哪些？
2. 在本实验操作步骤 2 中，哪些操作应特别注意？

实验五　乙酸解离常数和解离度的测定

一、实验目标

知识目标：

1. 掌握解离平衡常数和化学反应方向的关系。
2. 掌握测定解离常数和解离度的方法。
3. 了解化学平衡的影响因素。

能力目标：

1. 能熟练使用酸度计。
2. 会对测定结果进行正确数据分析和判断。

素质目标：

1. 要求有严谨求实的学习态度。
2. 要求勤于思考、勤于实践、积极主动完成实验。

二、实验原理

乙酸 CH_3COOH（简写 HAc）为弱电解质，其在水溶液中存在如下解离平衡：

$$HAc + H_2O \rightleftharpoons H_3O^+ + Ac^-$$

乙酸的解离常数为：

$$K_a = \frac{[H_3O^+][Ac^-]}{[HAc]}$$

或

$$K_a = \frac{[H^+][Ac^-]}{[HAc]}$$

解离度为：

$$\alpha = \frac{[H^+]}{c}$$

则有：

$$K_a = \frac{c\alpha^2}{1-\alpha}$$

式中，c 为乙酸溶液的浓度，$mol \cdot L^{-1}$；$[H^+]$、$[Ac^-]$、$[HAc]$ 为平衡时的浓度。

乙酸溶液的浓度 c 可以用 NaOH 标准溶液滴定进行测定。解离平衡时 $[H^+]$ 可用 pH 计测得溶液 pH 值并根据 $pH = -lg[H^+]$ 求出。根据公式即可计算出解离度和解离常数。在一定温度下，配制一系列不同浓度的乙酸溶液，分别测定其解离度和解离常数，取平均值即为该温度下的解离常数。

三、实验准备

仪器：pHS-3C 型酸度计、容量瓶（50mL）、烧杯（50mL）、移液管（5mL、10mL、25mL）、洗耳球、锥形瓶（250mL）、滴定管（25mL）、量筒（10mL）。

试剂：$0.1mol \cdot L^{-1}$ HAc 溶液、$0.1mol \cdot L^{-1}$ NaAc 溶液、$0.1mol \cdot L^{-1}$ NaOH 标准溶液（已标定）、酚酞指示剂、纯化水。

四、实验步骤

1. 乙酸溶液的标定

| 精密量取 25.00mL $0.1mol \cdot L^{-1}$ HAc 溶液于 250mL 锥形瓶中 | ⇒ | 加 2 滴酚酞指示剂，用 $0.1mol \cdot L^{-1}$ NaOH 标准溶液滴定 |

⇨ 滴定至溶液呈浅粉色，30s 不褪色即为滴定终点。重复滴定 3 次，计算 HAc 溶液浓度

2. 不同浓度乙酸溶液的配制

用移液管分别移取已标定的 HAc 溶液 5.00mL、10.00mL、25.00mL 于 50mL 容量瓶中 ⇨ 加入纯化水定容至刻线，摇匀

⇨ 连同未稀释的 HAc 溶液得到四种不同浓度的溶液。按浓度由小到大顺序编号为 1、2、3、4 ⇨ 用移液管移取已标定的乙酸溶液 25.00mL 于另一干净的 50mL 容量瓶中

⇨ 再加 0.1mol·L^{-1} NaAc 溶液 5.00mL，加入纯化水定容至刻线，摇匀，编号为 5

3. 不同浓度乙酸溶液 pH 值的测定

打开酸度计（已标定），取下电极帽，用蒸馏水清洗电极 ⇨ 取干燥洁净的 50mL 烧杯，装入 1 号溶液，将电极插入溶液中进行润洗

⇨ 弃去废液，再次装入 1 号溶液 ⇨ 将电极浸入溶液中，同时晃动烧杯使溶液均匀

⇨ 待酸度计读数稳定后进行读数。每份溶液测定三次。依次测定 2~5 号溶液 ⇨ 测定完毕后，用纯化水充分清洗电极，将电极套入盛有 KCl 溶液的电极保护套

五、数据记录与处理

温度：_____℃

(1) 乙酸溶液的标定

测定次数	1	2	3
V(HAc) /mL			
c(NaOH)/(mol·L^{-1})			
V(NaOH) 初读数/mL			
V(NaOH) 终读数/mL			
V(NaOH) /mL			
c(HAc)/(mol·L^{-1})			
平均值 $\bar{c}$(HAc)/(mol·L^{-1})			
相对平均偏差/%			

(2) pH 值的测定

编号	c(HAc)/(mol·L^{-1})	pH 值	[H$^+$]/(mol·L^{-1})	解离度 α	K_a	K_a 平均值
1						
2						
3						
4						
5						

六、问题讨论

1. 测定乙酸溶液的 pH 值时，为什么要按浓度由小到大的顺序测定？
2. 用酸度计测定乙酸的 pH 值时，一般选用何种标准溶液进行定位？

3. 如果配制乙酸的用水不纯,将产生什么影响?

4. 为什么要用标准缓冲溶液进行定位?

七、注意事项

1. 酸度计的电极在每次使用前,应先用纯化水冲洗干净,再用滤纸吸干,否则易破坏玻璃膜。新玻璃电极使用前,应置于纯化水中浸泡 24 小时以上以活化电极,之后才能使用。

2. 标准缓冲溶液进行定位时,用专用、洁净的小烧杯取三分之一左右体积的溶液即可,不可污染。

3. 测定溶液 pH 值时,应用待测液润洗烧杯和电极,再进行测定。测定顺序应按照浓度由小到大的顺序测定。

4. 测定完毕后,应将电极充分洗净,再套入盛有 KCl 溶液的电极帽中。注意做好仪器复位和清洁,防止溅出的溶液腐蚀仪器、污染电极插头。仪器应放置在干燥环境中。

实验六　最大泡压法测定溶液的表面张力

一、实验目标

知识目标:

1. 掌握表面张力及表面吉布斯能的概念。
2. 了解铺展与润湿的基本理论及规律。
3. 了解因曲面附加压力的产生而引起的各种表面现象。

能力目标:

1. 会对测定结果进行正确数据分析和判断。
2. 能用最大泡压法对溶液表面张力进行测定。

素质目标:

1. 要求有严谨求实的学习态度。
2. 要求勤于思考,勤于实践,积极主动完成实验。

二、实验原理

1. Gibbs 吸附公式

从热力学观点来看,液体表面缩小是一自发过程。欲使其表面增加,需对其做功,增加其 Gibbs 函数。表面张力的物理意义是指沿着液体表面垂直作用于表面单位长度上的、使界面收缩的力。

定温定压下,纯溶剂的表面张力是一定值。当向液体中加入某种溶质后,液体的表面张力会随之变化,其变化程度与溶液浓度有关。根据能量最低原理,若加入溶质能降低液体的表面张力,则溶质吸附在表面层以降低体系的表面能;若加入溶质使液体表面张力升高,则表面层的浓度比内部浓度低。这种溶液表面层浓度和溶液内部浓度不同的现象称为溶液的表面吸附。对于两组分(非电解质)稀溶液,在指定温度和压力下,溶质的吸附量与溶液的浓度及表面张力的关系,服从 Gibbs 吸附公式,即:

$$\Gamma = \frac{-c}{RT}\left(\frac{\mathrm{d}\sigma}{\mathrm{d}c}\right)_T$$

式中 Γ——溶质在每平方米表面层中的吸附量,$mol \cdot m^{-2}$;

σ——溶液表面张力,$N \cdot m^{-1}$;

c——溶液浓度,$mol \cdot L^{-1}$;

T——热力学温度,K;

R——摩尔气体常数,$8.314 J \cdot mol^{-1} \cdot K^{-1}$。

2. 最大泡压法测定表面张力

本实验依据 Gibbs 吸附公式进行计算,测定已知溶液不同浓度下的表面张力,即可求出相应的吸附量。采用的是最大泡压法,仪器装置如图 4-2 所示。

将待测溶液装入表面张力测定管中,毛细管下端管口与待测溶液液面相切。当分液漏斗减压时,毛细管与液面接触部位将有气泡逸出。随着压差增大,气泡的曲率半径逐渐减小,直至形成曲率半径最小(等于毛细管半径 r)的半球形气泡,此时平衡压力差 Δp 最大,即:

$$\Delta p = \frac{2\sigma}{r}$$

式中 Δp——最大压力差;

r——毛细管半径;

σ——溶液表面张力。

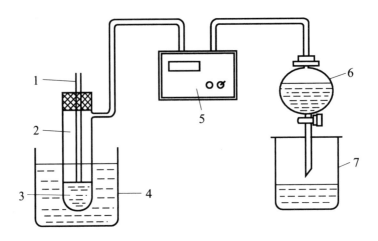

图 4-2 最大泡压法测表面张力仪器装置

1—毛细管；2—表面张力测定管；3—待测液；4—恒温槽；
5—数字微压差测量仪；6—分液漏斗；7—烧杯

若用同一根毛细管分别测定表面张力分别为 σ_1 和 σ_2 的溶液时，则有如下关系：

$$\sigma_1 = \frac{1}{2} r \Delta p_1$$

$$\sigma_2 = \frac{1}{2} r \Delta p_2$$

即

$$\sigma_1 = \sigma_2 \frac{\Delta p_1}{\Delta p_2} = K \Delta p_1$$

式中，K 为仪器常数，可用查表得的实验温度下水的表面张力求得。

最大压力差可由数字微压差测量仪读出，测出同一温度下不同浓度溶液的最大压力差，计算可得不同浓度溶液的表面张力，并可得溶液表面张力和溶液浓度关系，如图 4-3 所示。

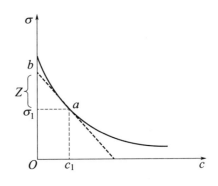

图 4-3 表面张力与浓度的关系

三、实验准备

仪器：表面张力测定装置、恒温槽、洗耳球 1 个、移液管（5mL、1mL）、烧杯（500mL）、温度计、容量瓶（50mL）。

试剂：正丁醇（AR）（$0.5\text{mol}\cdot\text{L}^{-1}$）、纯化水。

四、实验步骤

1. 正丁醇溶液的梯度稀释

| 用刻度吸量管分别移取 $0.5\text{mol}\cdot\text{L}^{-1}$ 正丁醇溶液 1mL、1.5mL、2mL、2.5mL、3mL、3.5mL、4mL、4.5mL 和 5mL，置于 50mL 容量瓶中 | ⇒ | 用纯化水稀释，定容后待用 |

2. 仪器常数 K 的测定

| 洗净毛细管尖端，通常用温热的洗液浸洗，用水冲洗后，用纯化水淋洗数次即可 | ⇒ | 测定管中加入纯化水，置于恒温槽中。恒温槽温度调节到 25℃ |

⇒ | 将毛细管插入测定管中，使毛细管下端管口与液面相切，恒温 20min | ⇒ | 打开分液漏斗的旋塞，开始放液抽气，此时毛细管口有气泡逸出 |

⇒ | 调节旋塞以控制气泡逸出速度，以每分钟 5~10 个气泡为宜 | ⇒ | 待气泡形成速度稳定后，读取数字微压差测量仪上最大压力差，测定三次记录数据，取平均值 |

3. 测定不同浓度正丁醇溶液的表面张力

测定管中加入正丁醇溶液,先用正丁醇溶液洗涤测定管和毛细管 2~3 次 ⇒ 按上述同样方法测定正丁醇溶液表面张力,测定顺序由稀溶液到浓溶液

⇒ 测定三次并记录数据,取平均值 ⇒ 实验过程中应注意保护毛细管尖端,以免碰损或沾污影响测定

⇒ 测定结束后,关闭旋塞和测量仪,用纯化水清洗测量管和毛细管 ⇒ 反复冲洗毛细管及其内部,保证洁净。将毛细管浸入纯净的纯化水中放置

五、数据记录与处理

实验温度:_____

查表得,水的表面张力 σ:_____   仪器常数 K:_____

数据记录表:

正丁醇水溶液 c /(mol·L^{-1})	Δp/Pa				σ/ (N·m^{-1})
	1	2	3	平均值	
0(纯化水)					

数据处理：

1. 查表得实验温度下水的表面张力，求仪器常数 K 值。
2. 计算不同浓度正丁醇溶液的表面张力，列入数据记录表中。
3. 以正丁醇浓度 c 为横坐标、表面张力 σ 为纵坐标绘制曲线，得到表面张力与溶液浓度的关系图。

六、问题讨论

1. 本实验中产生的误差及其原因有哪些？
2. 如果毛细管尖端逸出气泡过快，对实验结果会产生什么影响？
3. 如果毛细管尖端沾有油污，对实验结果会产生什么影响？
4. 毛细管插入的深浅程度，对实验有何影响？
5. 如果液体的温度升高，表面张力将如何变化？给出解释。

七、注意事项

1. 毛细管的下端管口一定要与待测液的液面垂直相切。
2. 测定管和毛细管一定要清洗干净。
3. 每次换新溶液测定时，需用新溶液润洗测定管和毛细管 3 次，然后再装入新溶液测定。
4. 待测液应按照浓度由稀到浓的顺序测定。
5. 毛细管尖端一定不能沾污和碰损。

> **知识链接**
>
> **有用的表面张力**
>
> 自然界和日常生活中的表面现象很早就引起了科学家的注意并投入了大量精力进行研究，丰富了其理论。清晨荷叶的露珠、雨后蛛网挂满的液珠和水鸟羽毛上附着的水珠都带给我们视觉上美的享受和对自然界浑然天成现象的赞叹。由表面现象引发的毛细作用和毛细吸附，为日常生活和科技发展提供了更多灵感。例如利用表面现象开发出的智能可调节一体化酒精消毒棉签，将酒精封闭在中空管中，两端封有棉球。中空管两端隔绝空气可将酒精固定在中空管中而不随意流出，使用时在固定位置折断，通过毛细现象润湿棉球，可以进行

消毒。此外还有利用表面张力开发出的防雨面料外套、不沾雨滴的车窗玻璃、船用疏水涂料等等，现已广泛应用于生产生活中。

实验七　黏度法测定大分子化合物的分子量

一、实验目标

知识目标：
1. 掌握黏度法测定大分子化合物的分子量的原理。
2. 掌握乌氏黏度计测定液体黏度的原理。

能力目标：
1. 能掌握乌氏黏度计的使用。
2. 会用黏度法测定右旋糖酐的分子量。

素质目标：
1. 要求有严谨求实的学习态度。
2. 要求勤于思考、勤于实践、积极主动完成实验。

二、实验原理

黏度法测定高分子化合物的分子量，具有实际意义。一般来说，高分子化合物由单体分子经过加聚或缩聚过程而形成，由于聚合度不同，每个高分子化合物的分子量并不均一，因此其分子量只能是一个统计平均值。高分子化合物分子链长度远大于溶剂分子，加上溶剂化作用，使其流动时受到较大的内摩擦阻力，因此高分子化合物的黏度非常大。可以利用高分子化合物的黏度测定其分子量，符合马克-豪温克（Mark-Houwink）经验方程：

$$[\eta] = KM^a$$

式中　$[\eta]$——特性黏度；
　　　M——高分子化合物的分子量；

K，α——与温度、高聚物和溶剂性质相关的常数。

对于右旋糖酐，25℃时以水为溶剂，$K=9.78\times10^{-4}$，$\alpha=0.5$。因此只要通过实验得到特性黏度 $[\eta]$，即可求得高聚物的分子量。特性黏度 $[\eta]$ 的算法如下：

1. 测定右旋糖酐的相对黏度 η_r

$$\eta_r = \frac{\eta}{\eta_0} = \frac{dt}{d_0 t_0}$$

式中 η——溶液黏度；
η_0——水的黏度；
d——溶液密度；
t——溶液流经毛细管所用的时间；
d_0——标准液（水）的密度；
t_0——标准液（水）流经毛细管所用的时间。

2. 由相对黏度求增比黏度 η_{sp}

$$\eta_{sp} = \eta_r - 1$$

3. 由增比黏度求比浓黏度（η_{sp}/ρ）

$$\frac{\eta_{sp}}{\rho} = \frac{\eta_r - 1}{\rho}$$

式中，ρ 为溶液的浓度，$g \cdot L^{-1}$。

4. 以比浓黏度（η_{sp}/ρ）对 ρ 作图，如图 4-4 所示，直线的截距即特性黏度 $[\eta]$。

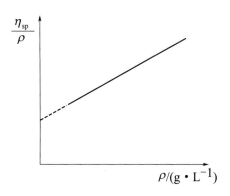

图 4-4　比浓黏度（η_{sp}/ρ）与 ρ 的关系图

在本实验中，黏度测定采用毛细管法，即通过测定一定体积的液体流经一定长度和半径的毛细管所需时间而获得。实验采用乌氏黏度计，当溶液在重力作用下流经毛细管时，遵循泊肃叶方程：

$$\eta = \frac{\pi h \rho g t r^4}{8lV}$$

式中　l——毛细管长度；

　　　r——毛细管半径；

　　　t——流出时间；

　　　h——流过毛细管液体的平均液柱高度；

　　　g——重力加速度；

　　　V——流经毛细管液体的体积。

一般采用相对黏度 η_r 表示，即液体的黏度与相同条件下标准液（如水）的黏度之比，则待测液相对黏度 η_r 为：

$$\eta_r = \frac{\eta}{\eta_0} = \frac{t}{t_0}$$

式中　η——待测液黏度；

　　　η_0——标准液（水）黏度；

　　　t——待测液流出时间；

　　　t_0——标准液（水）流出时间。

由于乌氏黏度计（图 4-5）毛细管两端压力差与液体体积无关，在操作上可以即时稀释溶液，所以一般只需测定溶液和溶剂（水）从刻度线 a 至刻度线 b 所需的时间，即可得到相对黏度 η_r。

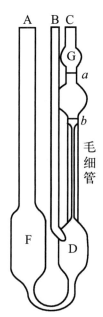

图 4-5　乌氏黏度计

三、实验准备

仪器：电子天平、乌氏黏度计、恒温槽、水浴装置、3 号砂芯漏斗、容量瓶（100mL）、烧杯（100mL）、移液管（2mL、5mL、10mL）、秒表、洗耳球、止水夹、乳胶管、超声波清洗机。

试剂：右旋糖酐（AR）、纯化水、无水乙醇。

四、实验步骤

1. 溶液配制

精确称取右旋糖酐（AR）2g，倒入预先洗净的 100mL 烧杯中，加入 60mL 纯化水 ⇨ 水浴加热溶解，至溶液完全透明，自然冷却至室温

⇨ 将溶液转移入 100mL 容量瓶中，加纯化水稀释至刻度

2. 黏度计的洗涤和恒温

洗涤黏度计，先用洗液将黏度计洗净，再用自来水、纯化水分别冲洗几次 ⇨ 反复冲洗黏度计的毛细管部分，保证洁净

⇨ 洗好的黏度计，烘干备用 ⇨ 打开恒温槽开关，设定温度在 (25±0.1)℃ ⇨ 将黏度计B、C管均套上干燥洁净的乳胶管

⇨ 将黏度计垂直放入恒温槽内，使 G 球完全浸入水浴中，恒温 10min

3. 测定溶剂流出时间 t_0

用移液管移取 10mL 已恒温好的纯化水，由 A 管注入黏度计中，恒温 5min ⇨ 用止水夹夹住 C 管上方乳胶管，用洗耳球从 B 管慢慢抽气，使液面上升至充满 G 球

⇨ 取下洗耳球，同时取下 C 管止水夹。此时水从毛细管流下 ⇨ 观察液面，当液面流经刻度线 a 时立刻按下秒表开始计时，当液面流经刻度线 b 时停止计时

⇨ 记录流经 a、b 刻度线之间所需的时间。重复三次，偏差应小于 0.2s，取平均值，即为 t_0

4. 测定溶液流出时间 t

倒出黏度计中的水，用无水乙醇去除水分，重新安装黏度计至恒温水浴装置 ⇨ 用移液管移取右旋糖酐溶液 10mL，由 A 管注入黏度计，恒温 5min

⇨ 按上述方法，测定溶液的流出时间 t，重复三次，且偏差小于 0.2s，记录并计算平均值 ⇨ 用移液管移取 5mL 恒温过的蒸馏水，注入 A 管

⇨ 用洗耳球向 C 管吹气，以搅拌 G 球内液体使其混合均匀 ⇨ 相同方法测定稀释后溶液的流出时间 t

⇨ 依次分别加入 5mL、10mL、10mL 恒温蒸馏水进行测定 ⇨ 测定结束后，洗净黏度计，黏度计内壁必须彻底洗净以除去高分子化合物。用蒸馏水浸泡并倒置晾干

五、数据记录与处理

实验温度：_____   大气压：_____

恒温槽温度：_____

数据记录表：

$\rho/(g \cdot L^{-1})$				纯化水 t_0/s
t/s	1			
	2			
	3			
平均值				

数据处理：

1. 计算

$\rho/(\text{g} \cdot \text{L}^{-1})$	
η_r	
η_{sp}	
η_{sp}/ρ	

2. 以 η_{sp}/ρ 对 ρ 作图，求得截距，即特性黏度 $[\eta]$。

3. 根据公式 $[\eta]=KM^a$，求得右旋糖酐分子量 M。25℃时以水为溶剂，$K=9.78\times10^{-4}$，$\alpha=0.5$。

六、问题讨论

1. 乌氏黏度计中的 C 管作用是什么？如除去 C 管，是否影响黏度测定？
2. 简述影响测定结果准确性的因素。
3. 若两次测定流出时间大于 0.2s，应如何处理？

七、注意事项

1. 黏度计使用前必须洗净，洗净的标准是器壁不能挂有水珠。如毛细管壁上挂水珠，可用洗液浸泡后洗净。

2. 测定时应保持黏度计垂直，否则影响结果的准确性。

3. 由于溶液的稀释在黏度计中进行，应将稀释用溶剂放入同一个恒温槽中恒温后方可使用。

4. 高聚物溶解缓慢，在配制溶液时应保证其完全溶解，以免影响溶液的起始浓度，导致结果偏低。

> **知识链接**
>
> **乌氏黏度计的维护**
>
> 使用乌氏黏度计后要对其进行维护保养,否则将会造成测量准确性的下降,减少使用寿命,下面简单介绍乌氏黏度计的维护步骤和方法:
>
> 1. 乌式黏度测定仪在日常使用之前需要放置在牢固平整的水平工作台上。保证仪器周围没有障碍物遮挡,通风良好。不要把黏度计的缝隙和开口堵塞,应存放在干燥的地方,并做好防尘工作。黏度计内部件非常脆弱,在使用过程中应注意避免跌落和碰撞。
>
> 2. 使用后及日常要保持清洁,定期清理黏度计内外,避免污染和细菌滋生,不要使用酸碱性清洁剂,应用黏度计专用清洁剂和微纤维布进行擦拭。
>
> 3. 经常校准以保持准确性,使用前、温度变化较大时都应进行校准,定期请专业技术人员进行校准操作。
>
> 4. 悬浊液、乳浊液、高聚物及其它高黏度液体中有许多属"非牛顿液体",其黏度值随切变速度和时间等条件的变化而变化,使用后及时清洗,并及时进行校正。

实验八 表面活性剂临界胶束浓度值的测定(电导法)

一、实验目标

知识目标:

1. 了解表面活性剂特性及胶束形成原理。
2. 熟悉离子型表面活性剂水溶液的电导率与浓度的变化关系。

能力目标:

1. 掌握电导率仪和恒温槽的使用方法。
2. 会用电导法测定十二烷基硫酸钠(SDS)的临界胶束浓度(CMC)。

素质目标:

1. 要求有严谨求实的学习态度。

2. 要求勤于思考、勤于实践、积极主动完成实验。

二、实验原理

表面活性剂是一类既有亲油性又有亲水性的"两亲"性质的分子。这类分子含有亲油的长链（大于 10 个 C）烃基和亲水的极性（离子化的）基团。表面活性剂溶于水后，当表面活性剂浓度较低时，表面活性剂在溶液表面定向排列，呈分子状态，溶液中的浓度相对较低，见图 4-6（a）、(b)；当溶液浓度增大并超过一定值时，表面活性剂分子立刻缔合形成很大的基团，称为"胶束"，这时胶束存在形式是比较稳定的，见图 4-6（c）。表面活性物质在水中形成胶束所需的最低浓度称为临界胶束浓度（critical micelle concentration，CMC）。

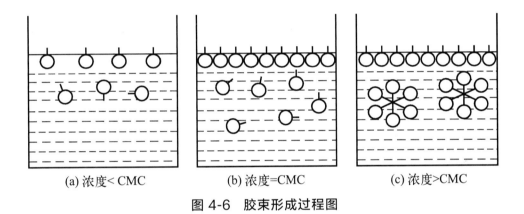

(a) 浓度< CMC   (b) 浓度=CMC   (c) 浓度>CMC

图 4-6 胶束形成过程图

当溶液处于临界胶束浓度时，由于溶液结构的改变，其物理化学性质发生突变。如电导率、去污力、增溶作用在达到 CMC 之后变化更为明显。因此，CMC 是表面活性剂的重要特征。通过测定 CMC，掌握其影响因素，对深入研究表面活性剂的物理化学性质至关重要。

本实验采用电导法测表面活性剂 CMC，通过测定十二烷基硫酸钠溶液的电导率，由电导率和溶液浓度的关系，求临界胶束浓度。对于电解质溶液，其电导用 G 表示：

$$G = \kappa \frac{A}{l}$$

式中 κ——电解质溶液的电导率，$S \cdot m^{-1}$；

$\dfrac{A}{l}$——电导电极常数，m^{-1}。

一定温度下的强电解质稀溶液的电导率,可用摩尔电导率 Λ_m 表示,Λ_m 与电导率 κ 的关系为:

$$\Lambda_m = \frac{\kappa}{c}$$

式中　c——溶液的物质的量浓度,mol·m^{-3};

　　　Λ_m——溶液的摩尔电导率,S·m^2·mol^{-1}。

一定温度下,电解质溶液的摩尔电导率随浓度变化而变化。在极稀浓度范围内,强电解质溶液的摩尔电导率 Λ_m 与溶液浓度的平方根 $\sqrt{c}$ 呈线性关系:

$$\Lambda_m = \Lambda_m^\infty - A\sqrt{c}$$

式中　Λ_m^∞——无限稀释时溶液的摩尔电导率;

　　　A——电解质溶液导电的有效截面积,cm^2,一定温度下为常数。

将 Λ_m 对 $\sqrt{c}$ 作图,用直线外推法,可以求出无限稀释溶液摩尔电导率。将 Λ_m 对 c 作图,与 Λ_m 对 $\sqrt{c}$ 作图的两曲线延长线相交,从图中转折点(相交点)找到临界胶束浓度 CMC。

三、实验准备

仪器:电导率仪、铂黑电极、电子天平、烘箱、容量瓶(100mL)、烧杯(100mL)、刻度吸量管、恒温水浴槽。

试剂:十二烷基硫酸钠(AR)、KCl(AR)、纯化水。

四、实验步骤

1. 仪器预热

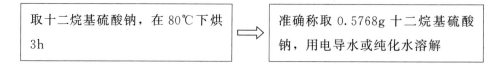

2. 溶液配制

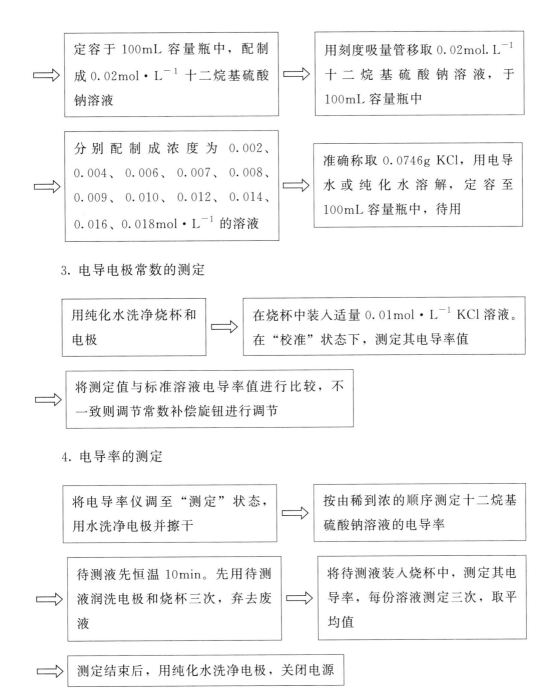

3. 电导电极常数的测定

4. 电导率的测定

五、数据记录与处理

1. 数据记录

实验温度：_____   电导电极常数：_____

数据记录表：

浓度 c /(mol·L^{-1})	$\sqrt{c}$	κ_1	κ_2	κ_3	κ 平均值
0.002					
0.004					
0.006					
0.007					
0.008					
0.009					
0.010					
0.012					
0.014					
0.016					
0.018					
0.020					

2. 数据处理

（1）计算 $\sqrt{c}$ 和 Λ_m，填入下表。

浓度 c /(mol·L^{-1})	0.002	0.004	0.006	0.007	0.008	0.009	0.010	0.012	0.014	0.016	0.018	0.020
$\sqrt{c}$												
Λ_m												

（2）将 Λ_m 对 $\sqrt{c}$ 作图，用直线外推法，得到 Λ_m^∞。将 Λ_m 对 c 作图，与 Λ_m 对 $\sqrt{c}$ 作图两曲线延长线相交，从图中转折点（相交点）找到临界胶束浓度 CMC。

六、问题讨论

1. 采用电导法测定时，影响临界胶束浓度的因素有哪些？
2. 若要知道所测的临界胶束浓度是否正确，可用什么方法检验？
3. 非离子型表面活性剂能否用电导法测定临界胶束浓度？为什么？

七、注意事项

1. 溶液配制时要保证表面活性剂完全溶解，以免影响测定。
2. 电导率随温度变化而改变，测定时应保证待测液一直处于恒温状态。
3. 测定应当按照浓度由低到高的顺序进行。
4. 电极在冲洗后必须擦干，以保证溶液浓度的准确性。测量时搅拌速度不宜过快，以免损坏电极。

> **知识链接**
>
> ### 表面活性剂的应用
>
> 表面活性剂是指以极低浓度能够显著降低溶剂表面张力的物质，其分子结构由非极性的憎水基和极性的亲水基两部分构成，利用其特性，广泛应用于生产科研各个领域。例如，在制药行业中，表面活性剂广泛用于药物制剂的辅料中，在药物合成中也可用作相转移催化剂，药物荧光分析中也可做增溶增敏剂。表面活性剂在洗涤剂和化妆品中也有广泛应用，表面活性剂是洗涤剂的主要成分，能够起到润湿、渗透、乳化、增溶、分散和起泡等作用，达到洗涤污垢的目的；在化妆品中，表面活性剂可做乳化剂、渗透剂、润湿剂、分散剂等，非离子表面活性剂无刺激性，在化妆品中最为常用。

实验九　硫酸链霉素水溶液的稳定性及有效期预测

一、实验目标

知识目标：

1. 了解药物水解反应的特征、药物有效期的意义和预测方法。
2. 掌握物理化学法测定硫酸链霉素水解反应的速率常数、有效期的方法。

能力目标：

1. 能用分光光度法测定硫酸链霉素水溶液的反应速率常数。
2. 能测定药物有效期。

素质目标：

1. 要求具有求真、求实、科学、严谨、认真的学习态度。
2. 善于探究，勇于创新。

二、实验原理

硫酸链霉素是氨基糖苷类抗生素，以链霉胍和链霉双糖胺相联结的苷键易水解断裂。硫酸链霉素水溶液在 pH 值为 4.0~4.5 时最稳定，在碱性环境下水解，生成麦芽酚，麦芽酚在酸性条件下与三价铁离子反应生成稳定的紫红色螯合物，利用这一特性，运用比色法测定其在 520nm 处的吸光度，进而检测硫酸链霉素水解程度。硫酸链霉素水解属于假一级反应，符合一级反应动力学方程：

$$\ln \frac{c_0}{c} = kt$$

式中　c——时间 t 时硫酸链霉素的浓度；
　　　c_0——时间 t_0 时硫酸链霉素的浓度；
　　　k——水解反应速率常数。

用 x 表示水解的硫酸链霉素浓度，则有：

$$\ln\frac{c_0-x}{c}=-kt$$

通过比色法测定520nm处吸光度的变化，用吸光度代替浓度的变化，则有：

$$\ln\frac{A_\infty-A_t}{A_\infty}=-kt$$

式中　A_∞——硫酸链霉素完全水解时的吸光度；

　　　A_t——时间t时硫酸链霉素水解的吸光度。

由此可测定反应速率常数k。对于不同温度下的k，有Arrhenius公式：

$$\ln k=-\frac{E_a}{RT}+c$$

式中　E_a——反应活化能。

以$\ln k$对$\frac{1}{T}$作图，将所得直线外推，在$\frac{1}{298}=3.36\times10^{-3}$处即可得到25℃时的$k$值，进而计算室温（25℃）时的有效期：

$$t_{0.9}^{25℃}=\frac{0.106}{k_{25℃}}$$

三、实验准备

仪器：紫外-可见分光光度计、超级恒温槽、水浴锅、磨口锥形瓶（100mL、50mL）、刻度吸量管、秒表、量筒。

试剂：0.4%硫酸链霉素水溶液、硫酸溶液（1.12～1.18mol·L^{-1}）、NaOH溶液（2.0mol·L^{-1}）、0.5mol·L^{-1}铁试剂、纯化水。

四、实验步骤

1. 硫酸链霉素反应液的配制

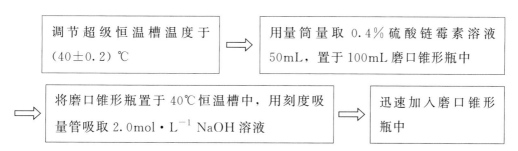

⇒ 当加入至一半时，打开秒表，开始记录时间

2. 吸光度 A 和 A_∞ 的测定

取 5 个干燥的 50mL 磨口锥形瓶，逐一编号 ⇒ 用移液管移取 0.5mol·L^{-1} 铁试剂 20mL 加入锥形瓶中。再滴入 5 滴 1.12~1.18mol·L^{-1} 硫酸溶液

⇒ 硫酸链霉素反应液反应 10min 后，用移液管移取 5mL 反应液，置于 1 号磨口锥形瓶中，摇匀呈紫红色 ⇒ 放置 5min，在波长 520nm 处测定其吸光度，记录数据

⇒ 每隔 10min 移取反应液至剩余 4 个锥形瓶中，分别测定不同时间下反应液的吸光度 ⇒ 剩余反应液置于沸水浴中加热 10min，置于室温冷却。移取 2.5mL 反应液于干燥的磨口锥形瓶中

⇒ 加入 2.5mL 纯化水，加入 20mL 铁溶液，滴入 5 滴硫酸溶液 ⇒ 摇匀呈紫红色，于 520nm 处测定其吸光度，其数值乘以 2 即为 A_∞

⇒ 调节恒温槽温度分别为 50℃、60℃、70℃，按上述方法操作，每隔 5min 测定一次反应液吸光度，记录数据

五、数据记录与处理

1. 数据记录

恒温槽温度_____℃　　A_∞=_____

t/min	10	20	30	40	50
A_t					
$A_\infty - A_t$					
$\ln\dfrac{A_\infty - A_t}{A_\infty}$					

2. 数据处理

（1）计算 $\ln\dfrac{A_\infty-A_t}{A_\infty}$ 填入上表，以 $\ln\dfrac{A_\infty-A_t}{A_\infty}$ 对 t 作图，求出不同温度下的 k 值，填入下表。

$T/℃$	40	50	60	70
$1/T$				
k				
$\ln k$				

（2）以 $\ln k$ 对 $\dfrac{1}{T}$ 作图，将得到的直线外推得到 25℃ 时 k 值，并计算室温时硫酸链霉素的有效期。

六、问题讨论

1. 影响反应速率常数测定的主要因素有什么？
2. 取样分析时，为什么要先加入铁溶液和硫酸溶液，再对反应进行比色分析？

七、注意事项

使用磨口锥形瓶时必须保证瓶内干燥。不干燥的锥形瓶会影响溶液的浓度，使测量产生误差，从而影响速率常数的测定。

第五章
化学分析实验

实验一　分析天平称量练习

一、实验目标

知识目标：

1. 掌握电子天平的基本操作。
2. 熟悉直接称量和减量称量法。

能力目标：

1. 熟练应用直接称量和减量称量两种称量方法。
2. 能正确地记录数据。

素质目标：

1. 要求有实事求是的科学态度。
2. 培养学生良好的职业道德，培养学生的社会责任感。

二、实验原理

电子天平是定量分析的主要仪器之一，是根据电磁力平衡原理，直接称量，全程不需要砝码，数秒即达平衡，显示读数，称量速度快，精密度高。

称量方法有直接称量法和减量称量法。直接称量法适用于称量不吸水、在空气中性质稳定的固体；减量称量法适用于称量基准物质或易吸水、易氧化、易与 CO_2 反应的物质。

三、实验准备

仪器：电子天平、称量瓶、小烧杯。
试剂：小米（或 NaCl 固体样品）。

四、实验步骤

1. 电子天平直接称量练习

检查天平水平，检查天平盘有无遗洒药品粉末，框罩内外是否清洁，若天平较脏，应先用毛刷清扫干净 ⇒ 检查电源，通电预热 30min。打开天平开关键，显示 0.0000 后可称量 ⇒ 打开天平门，放入称量纸（或烧杯等容器），平衡后关闭天平门按去皮键 TAR ⇒ 用药匙将试样缓缓放置于称量纸上，至所需质量，停止加样，关闭天平门，稳定后记录数据 ⇒ 将试样放入小烧杯，回称称量纸，记录数据，两次质量之差即样品实际质量 ⇒ 精密称取三份样品，质量约为 0.1g、0.3g、0.5g

2. 减量称量法称量练习

将装有小米的称量瓶放入电子天平，准确称量其质量 m_1 ⇒ 取出称量瓶，将适量小米敲入洁净的小烧杯，再将称量瓶放入天平，称出其质量 m_2 ⇒ $m_1 - m_2$ 即为敲出样品的质量，要求在 0.45~0.55g 之间 ⇒ 如此反复操作，可称量多份样品

五、数据记录及处理

1. 电子天平直接称量练习

数据记录与计算 \ 测定序号	1	2	3
直接法称量试样质量/g			

2. 减量称量法称量练习

数据记录与计算 \ 测定序号	1	2	3
（小米＋瓶）初重/g			
（小米＋瓶）末重/g			
减量法称量小米质量/g			

六、问题讨论

1. 直接称量法和减量称量法各有什么优缺点？
2. 减量称量法称量时，需要调天平零点吗？为什么？
3. 称量氢氧化钠固体的准确质量应用什么称量法？为什么？

七、注意事项

1. 减量法取用烧杯或称量瓶时，需戴手套，不得直接用手接触。
2. 减量称量时，称量瓶的盖子要在接收容器上方打开或盖上，以免试样流失。
3. 调节零点和读取称量读数时，要注意天平侧门是否关好。

4. 天平箱内不可有任何遗落的药品，如有遗落应及时用毛刷清理干净。
5. 用完天平后应及时关闭，最后在天平使用记录本上登记使用情况。

实验二　容量仪器的校准

一、实验目标

知识目标：
1. 了解容量仪器校准的原理和意义。
2. 掌握容量仪器校准的方法。

能力目标：
1. 学会容量仪器的操作。
2. 学会有效数字运算。

素质目标：
1. 要求有严谨细致的学习态度。
2. 培养学生分析问题、解决问题的能力。

二、实验原理

滴定管、移液管和容量瓶是滴定分析所用的主要容量仪器，由于玻璃具有热胀冷缩的特性，在不同温度下这些仪器的实际容积受温度影响，与它所标示的体积并不完全一致，因此在准确性要求较高的分析工作中，使用前必须进行容量仪器的校准。

校准玻璃容量器皿时必须选择一个共同温度为标准温度，国际规定为20℃，标注在容量仪器上，表明20℃的实际容积是容量仪器的标注体积。在实际分析过程中，溶液的温度会发生变化，因此容量仪器的体积也相应发生改变。

容量仪器的校准通常采用绝对校准法和相对校准法。

1. 绝对校准（称量法）

容量仪器的实际容积均可采用绝对校准法校准，即在某一温度下，用电子天平称出容量仪器容纳或放出纯化水的质量,然后除以该温度下水的密度,计算出该量器在此温度时的容积。

考虑到温度对水密度、玻璃容器容积的影响以及空气浮力对称量水质量的影响,将此三项因素综合校准后得到的密度值列表,见表5-1。

表5-1 在不同温度下纯化水的密度值

（空气密度为0.0012g·mL^{-1},钙钠玻璃膨胀系数为2.6×10^{-5}℃$^{-1}$）

T/℃	密度（ρ_T）/(g·mL^{-1})	T/℃	密度（ρ_T）/(g·mL^{-1})	T/℃	密度（ρ_T）/(g·mL^{-1})
10	0.9984	17	0.9976	24	0.9964
11	0.9983	18	0.9975	25	0.9961
12	0.9982	19	0.9973	26	0.9959
13	0.9981	20	0.9972	27	0.9956
14	0.9980	21	0.9970	28	0.9954
15	0.9979	22	0.9968	29	0.9951
16	0.9978	23	0.9966	30	0.9948

根据表5-1数值,假如称得某温度下某容量仪器标示刻度下放出的纯化水质量,用它除以该温度下纯化水的密度,即可计算出该仪器在该温度下的实际容积。

例如标示值为25mL的移液管,用它取出标示刻度的纯化水,称得纯化水的质量为24.9361g,查出20℃时水的密度值,则该移液管在20℃时实际容积为:

$$V_{实际}=\frac{m_水}{\rho_T}=\frac{24.9361\text{g}}{0.9972\text{g}\cdot\text{mL}^{-1}}=25.01\text{mL}$$

校正值 $\Delta V=V_{实际}-V_{标示}=25.01\text{mL}-25.00\text{mL}=0.01\text{mL}$

实际容积=标示值+校正值=25.00mL+0.01mL=25.01mL

也就是说,用该移液管移取1次溶液（至刻线）时,实际容积不是25.00mL,而是25.01mL。

2. 相对校准法

在实际分析过程中,有时不需要容器的准确体积,只需要两种容量仪器容积的比例关系,表明可以配套使用时,可采取相对校准法。例如,25mL 移液管与 100mL 容量瓶配套使用时,只要使用 25mL 移液管取 4 次纯化水到 100mL 容量瓶中,观察容量瓶液面与刻度线的位置,在液面处做出标记,此时移液管和容量瓶可以配套使用。

三、实验准备

仪器:电子天平、滴定管(25mL)、移液管(25mL)、容量瓶(100mL)、碘量瓶(50mL)、洗耳球、温度计(100℃)、烧杯(250mL)。

试剂:纯化水。

四、实验步骤

1. 滴定管的校准

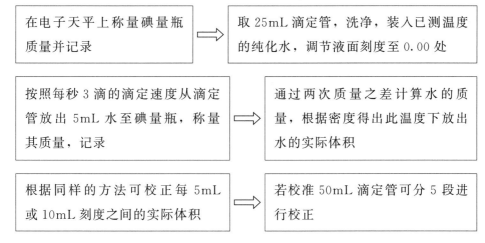

现将水温为 25℃ 时,25mL 滴定管校正体积数据示例列于表 5-2。

表 5-2 滴定管校准示例

(水的温度为 25℃,水的密度为 0.9961g·mL^{-1})

读数	水的体积/mL	瓶加水的质量/g	水的质量/g	实际容积/mL	校准值/mL	总校准值/mL
0.00		29.20(空瓶)				

续表

读数	水的体积/mL	瓶加水的质量/g	水的质量/g	实际容积/mL	校准值/mL	总校准值/mL
5.01	5.01	34.20	5.00	5.02	+0.01	+0.01
10.03	5.02	39.22	5.02	5.04	+0.02	+0.03
15.08	5.05	44.24	5.02	5.04	−0.01	+0.02
20.02	4.94	49.18	4.94	4.96	+0.02	+0.04
24.97	4.95	54.14	4.96	4.98	+0.03	+0.07

2. 移液管的校准

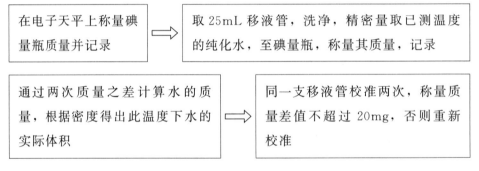

3. 移液管和容量瓶的相对校准

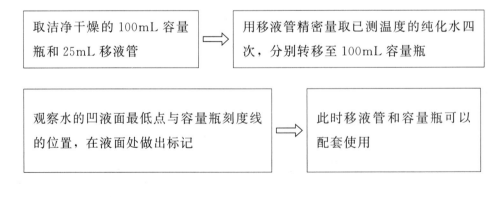

五、数据记录与处理

水的温度为_____℃，水的密度为_____g·mL^{-1}

1. 滴定管的校准

读数	水的体积 /mL	瓶加水的质量 /g	水的质量 /g	实际容积 /mL	校准值 /mL
		（空瓶）			

2. 移液管的校准

校准次数	移液管标示体积/mL	空瓶质量/g	瓶加水的质量/g	水的质量/g	实际容积/mL	校准值/mL
第一次	25.00					
第二次	25.00					

3. 移液管和容量瓶的相对校准

观察液面凹处最低点与容量瓶的原刻度线的关系＿＿＿＿＿＿

A. 相切　　　　B. 比原刻度线低　　　　C. 比原刻度线高

六、问题讨论

1. 容量仪器校准的主要影响因素有哪些？
2. 为什么校准 25mL 移液管要称量至 1mg，校准 100mL 容量瓶称至 10mg？
3. 滴定管中存在气泡对容积有何影响？应该如何除去？

七、注意事项

1. 校正容量瓶时，必须保持瓶内洁净干燥。
2. 称量用碘量瓶不得用手直接拿取。
3. 将流液倒入磨口锥形瓶时，应使流液口接触磨口以下的内壁，勿接触磨口处。

实验三　氢氧化钠标准溶液的配制与标定

一、实验目标

知识目标：

1. 掌握滴定管、移液管和容量瓶的使用和滴定操作技能。
2. 掌握滴定终点的判断方法。
3. 熟悉溶液的配制方法及其有关计算。

能力目标：

1. 学会滴定管、移液管和容量瓶的使用，会进行滴定操作。
2. 学会酚酞指示剂的使用，学会判断滴定终点。

素质目标：

1. 要求有实事求是的工作作风和科学严谨的工作态度。
2. 培养学生分析问题、解决问题的能力。

二、实验原理

氢氧化钠溶液的标定利用酸碱滴定方法，可以采用基准物质标定法或比较法。

1. 基准物质标定法

标定 NaOH 溶液的基准物质可以用邻苯二甲酸氢钾（$KHC_8H_4O_4$）或草酸

($H_2C_2O_4 \cdot 2H_2O$) 等,目前最常用的是邻苯二甲酸氢钾。其滴定反应如下:

$$\text{邻-C}_6\text{H}_4(\text{COOK})(\text{COOH}) + \text{NaOH} = \text{邻-C}_6\text{H}_4(\text{COOK})(\text{COONa}) + \text{H}_2\text{O}$$

化学计量点时溶液 pH 值约为 9.1,可用酚酞作为指示剂。
NaOH 溶液的浓度可按下式计算:

$$c(\text{NaOH}) = \frac{m(\text{KHC}_8\text{H}_4\text{O}_4) \times 1000}{(V - V_0)M(\text{KHC}_8\text{H}_4\text{O}_4)}$$

式中,V_0 为空白实验所消耗的 NaOH 溶液的体积。

2. 比较法

用已知准确浓度的盐酸标准溶液标定氢氧化钠溶液浓度:

$$\text{HCl} + \text{NaOH} = \text{NaCl} + \text{H}_2\text{O}$$

可用酚酞作为指示剂,滴定终点颜色为浅粉色,且在空气中 30s 内不褪色。
NaOH 溶液的浓度可按下式计算:

$$c(\text{NaOH}) = \frac{c(\text{HCl})V(\text{HCl}) \times 10^{-3}}{V(\text{NaOH}) \times 10^{-3}}$$

三、实验准备

仪器:烧杯(500mL)、量筒(50mL)、玻璃棒、药匙、托盘天平、酸碱一体式滴定管(25mL)、移液管(20mL)、锥形瓶(250mL,3 个)、试剂瓶(500mL)。

试剂:0.1mol·L^{-1} 盐酸标准溶液、NaOH(AR)、酚酞指示剂、邻苯二甲酸氢钾(基准物质)、纯化水。

四、实验步骤

1. 配制 500mL 0.1mol·L^{-1} NaOH 溶液

用托盘天平称取 2g NaOH 固体,置于 500mL 烧杯中 ⟹ 加新煮沸放冷的纯化水,溶解,稀释至 500mL,摇匀后,转移到试剂瓶中,用橡皮塞塞紧,备用

2. 0.1mol·L^{-1} NaOH 溶液的标定（基准物质标定法）

准确称取 0.42g 干燥至恒重的基准邻苯二甲酸氢钾于 250mL 锥形瓶中 ⇨ 加 20～30mL 水溶解（若不溶可稍加热），冷却后加入 1～2 滴酚酞指示剂

⇨ 取滴定管 1 支，完成检漏、洗涤等步骤后，用少量 0.1mol·L^{-1} NaOH 溶液润洗 3 次 ⇨ 装入 NaOH 溶液，排出气泡，调整液面至 0.00mL 或 0 以下某刻度，并记录初读数

⇨ 用 0.1mol·L^{-1} NaOH 溶液滴定；溶液显浅粉色，30s 不褪色即为终点 ⇨ 记下消耗 NaOH 溶液体积，平行测定 3 次

3. 0.1mol·L^{-1} NaOH 溶液的标定（比较法）

取滴定管 1 支，完成检漏、洗涤等步骤后，用少量 0.1mol·L^{-1} NaOH 溶液润洗 3 次 ⇨ 装入 NaOH 溶液，排出气泡，调整液面至 0.00mL 或 0 以下某刻度，并记录初读数

⇨ 取洗净的 20mL 移液管 1 支，用少量 0.1mol·L^{-1} HCl 溶液润洗 3 次 ⇨ 精密量取 20.00mL HCl 溶液于 250mL 锥形瓶中，加纯化水 20mL、酚酞指示剂 2 滴

⇨ 用 0.1mol·L^{-1} NaOH 溶液滴定，溶液显浅粉色，30s 不褪色即为终点 ⇨ 记下消耗 NaOH 溶液体积，平行测定 3 次

五、数据记录与处理

1. 0.1mol·L^{-1} NaOH 溶液的标定（基准物质标定法）

数据记录与计算 \ 测定序号	1	2	3
（邻苯二甲酸氢钾＋瓶）初重/g			

续表

数据记录与计算＼测定序号	1	2	3
（邻苯二甲酸氢钾＋瓶）末重/g			
m（邻苯二甲酸氢钾）/g			
$V(NaOH)$ 初读数/mL			
$V(NaOH)$ 终读数/mL			
$V(NaOH)$ /mL			
V_0/mL			
$c(NaOH)/(mol \cdot L^{-1})$			
平均值 $\bar{c}(NaOH)$ /(mol·L^{-1})			
相对平均偏差/%			

2. 0.1mol·L^{-1} NaOH 溶液的标定（比较法）

数据记录与计算＼测定序号	1	2	3
$c(HCl)/(mol \cdot L^{-1})$			
$V(HCl)$ /mL			
$V(NaOH)$ 初读数/mL			
$V(NaOH)$ 终读数/mL			
$V(NaOH)$ /mL			
$c(NaOH)/(mol \cdot L^{-1})$			

续表

数据记录与计算　　测定序号	1	2	3
平均值 $\bar{c}$(NaOH) /(mol·L^{-1})			
相对平均偏差/%			

六、问题讨论

1. 若滴定管尖留有气泡，对实验结果有什么影响？
2. 盛放基准物质邻苯二甲酸氢钾的锥形瓶是否需要烘干？

七、注意事项

1. 用移液管（吸量管）吸液或放液时，一定要注意保持垂直，管尖必须与倾斜的器壁接触，并保持不动，视不同情况处理放液后残留在管尖的少量液体。

2. 滴定管、移液管在装液前必须用待装液润洗；锥形瓶不能用待装液润洗。标准溶液不能借助于其他容器装入滴定管中。

3. 滴定管必须排掉气泡，在滴定过程中和最后读数时始终不得有气泡，碱式滴定管尤其要注意。对于常量滴定管，必须读数至小数点后两位。

4. 滴定过程中一定要注意观察溶液颜色的变化，左手自始至终不能离开滴定管。掌握"左手滴，右手摇，眼把瓶中颜色瞧"的基本原则。平行实验时，每次调节液面均应从同刻度开始，以消除刻度不均所造成的系统误差。

实验四　盐酸标准溶液的配制与标定

一、实验目标

知识目标：
1. 掌握滴定仪器操作。
2. 熟悉甲基橙指示剂指示滴定终点的方法。

能力目标：
1. 能够熟练操作电子天平、滴定管、移液管。
2. 学会盐酸标准溶液的配制和标定方法。

素质目标：
1. 要求有理论联系实际、实事求是的工作作风。
2. 培养学生分析问题、解决问题的能力。

数字资源5-1
盐酸标准溶液浓度的标定

二、实验原理

酸碱标准溶液的配制有直接法和间接法。市售浓盐酸（HCl）质量分数为 $36\%\sim38\%$，密度约 $1.18\text{g}\cdot\text{mL}^{-1}$。由于浓盐酸易挥发出 HCl 气体，直接法配制准确度低，因此要用间接法配制盐酸标准溶液。

标定酸的基准物质，常用无水碳酸钠或硼砂。无水 Na_2CO_3 易制得纯品，价格低廉，且 $c_bK_b>10^{-8}$，故可用 HCl 滴定液直接滴定。本实验采用无水碳酸钠为基准物质，以甲基橙指示剂指示滴定终点，终点颜色由黄色变为橙色。反应为：

$$2HCl+Na_2CO_3 =\!=\!= 2NaCl+H_2O+CO_2\uparrow$$

盐酸溶液的浓度可按下式计算：

$$c(\text{HCl})=\dfrac{2m(\text{Na}_2\text{CO}_3)\times\dfrac{20.00}{100.0}}{M(\text{Na}_2\text{CO}_3)V(\text{HCl})\times10^{-3}}$$

三、实验准备

仪器：电子天平、玻璃棒、酸式滴定管（25mL）、容量瓶（100mL、500mL）、移液管（20mL）、量筒（10mL）、锥形瓶（250mL）、烧杯（100mL）。

试剂：浓盐酸、甲基橙指示剂（0.1%）、无水碳酸钠（270～300℃干燥至恒重）、纯化水。

四、实验步骤

1. 0.1mol·L^{-1} HCl 溶液的配制

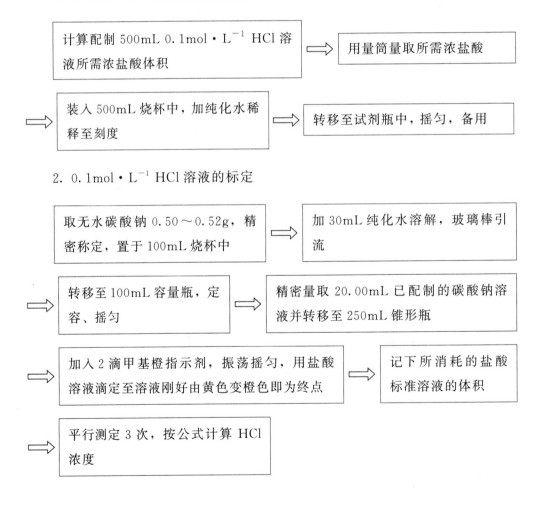

2. 0.1mol·L^{-1} HCl 溶液的标定

五、数据记录与处理

数据记录与计算 \ 测定序号	1	2	3
(Na_2CO_3＋瓶) 初重/g			
(Na_2CO_3＋瓶) 末重/g			
m (Na_2CO_3) /g			
V(HCl) 初读数/mL			
V(HCl) 终读数/mL			
V(HCl) /mL			
c(HCl)/(mol·L^{-1})			
平均值 $\bar{c}$(HCl) /(mol·L^{-1})			
相对平均偏差/%			

六、问题讨论

1. 用无水 Na_2CO_3 标定盐酸滴定液的浓度，若 Na_2CO_3 未置于干燥器中保存，会对结果有何影响？

2. 下列情况对滴定结果有何影响？

① 滴定完后，滴定管尖嘴外留有液滴。

② 滴定完后，滴定管尖嘴内留有气泡。

③ 滴定过程中，锥形瓶内壁上部溅有滴定液。

④ 滴定前或滴定过程中，往盛有待测溶液的锥形瓶中加入少量纯化水。

七、注意事项

1. 无水 Na_2CO_3 使用前应在 270～300℃下干燥至恒重，并保存在干燥器中。高温干燥的无水 Na_2CO_3 极易吸收空气中的水分，故称量速度要快，且称量瓶要盖好瓶盖。

2. 在滴定接近终点时，应剧烈摇动锥形瓶，使 CO_2 释放完全。

> **知识链接**
>
> 《中国药典》（2020 年）标定 HCl 采取甲基红-溴甲酚绿混合指示剂，并加热煮沸除去 CO_2，以提高分析结果的准确性。操作方法如下：取无水碳酸钠基准物约 1.5g，精密称定，加 50mL 纯化水溶解，加甲基红-溴甲酚绿混合指示剂 10 滴，用盐酸溶液滴定至溶液由绿色变紫红色，煮沸约 2min。冷却至室温后，继续滴定至溶液由绿色变为暗紫色。

实验五　铵盐中氮含量的测定（甲醛法）

一、实验目标

知识目标：
1. 掌握滴定操作、称量仪器操作。
2. 了解利用间接滴定法进行铵盐中的氮含量的测定。

能力目标：
1. 学会用酸碱滴定法间接测定铵盐中的氮含量。
2. 掌握天平、移液管的使用。

素质目标：
1. 要求有严谨细致的学习态度。
2. 培养学生分析问题、解决问题的能力。

二、实验原理

铵盐是强酸弱碱盐，由于 NH_4^+ 的酸性太弱（$K_a = 5.6 \times 10^{-10}$），不能用 NaOH 标准溶液直接滴定，生产和实验室中广泛采用甲醛法测定铵盐中的氮含量。

铵盐中氮的测定可选用甲醛法或蒸馏法测定。甲醛法操作简单、迅速，但必须严格控制操作条件，否则结果易偏低。

硫酸铵与甲醛作用，可生成质子化六亚甲基四胺（六亚甲基四胺是弱碱，$K_a = 1.4 \times 10^{-9}$）和酸，用碱标准溶液滴定生成的酸，其反应为：

$$4NH_4^+ + 6HCHO = (CH_2)_6N_4H^+ + 3H^+ + 6H_2O$$

$$(CH_2)_6N_4H^+ + 3H^+ + 4OH^- = (CH_2)_6N_4 + 4H_2O$$

到达化学计量点时，溶液 pH 值约为 8.8，故可用酚酞作指示剂。根据 H^+ 与 NH_4^+ 等化学计量关系，可间接求 $(NH_4)_2SO_4$ 中的氮含量。计算公式：

$$w(N) = \frac{c(NaOH)V(NaOH) \times \dfrac{14.1}{100} \times 10^{-3}}{m(铵盐) \times \dfrac{25.00}{250.0}}$$

三、实验准备

仪器：电子天平、移液管（20mL）、量筒（10mL）、锥形瓶（250mL）、碱式滴定管（25mL）、烧杯（100mL、500mL）、容量瓶（250mL）。

试剂：固体 $(NH_4)_2SO_4$、NaOH（分析纯）、原装甲醛（40%）、1% 甲基红指示剂、2% 酚酞指示剂、纯化水。

四、实验步骤

1. NaOH 标准溶液浓度的标定（见实验三）
2. 甲醛溶液的处理

取 10mL 原装甲醛（40%）的上层清液于 100mL 烧杯中，用水稀释一倍，加入 1~2 滴 0.2% 酚酞指示剂	⇒	用 0.1 mol·L^{-1} NaOH 标准溶液中和至甲醛溶液呈淡红色

3. 铵盐中氮含量的测定

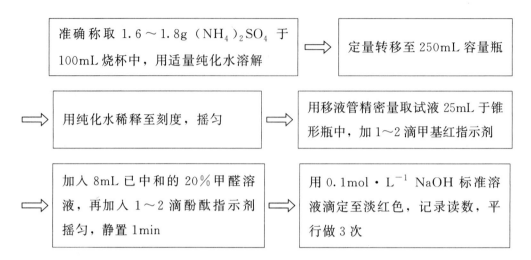

五、数据记录与处理

测定序号 数据记录与计算	1	2	3
$m[(NH_4)_2SO_4]/g$			
$c[(NH_4)_2SO_4]/(mol·L^{-1})$			
$c(NaOH)/(mol·L^{-1})$			
$V(NaOH)$ 初读数/mL			
$V(NaOH)$ 终读数/mL			
$V(NaOH)$ /mL			
氮含量/%			
氮含量平均值/%			
相对平均偏差/%			

六、问题讨论

1. 铵盐中氮含量的测定为何不采用 NaOH 直接滴定法？
2. 为什么中和甲醛试剂中的甲酸以酚酞作指示剂，而中和铵盐试样中的游离酸则以甲基红作指示剂？
3. NH_4HCO_3 中氮含量的测定，能否用甲醛法？

七、注意事项

1. 如果铵盐中含有游离酸，应事先中和除去，先加甲基红指示剂，用 NaOH 溶液滴定至溶液呈橙色，然后再加入甲醛溶液进行测定。
2. 甲醛中常含有微量甲酸，应预先以酚酞为指示剂，用 NaOH 溶液中和至溶液呈淡红色。
3. 滴定中途，要将锥形瓶壁的溶液用少量纯化水冲洗下来，否则将增大误差。

实验六　食醋中总酸度的测定

一、实验目标

知识目标：
1. 掌握移液管、滴定管的使用。
2. 熟悉强碱滴定弱酸的条件和酸碱指示剂的选择。

能力目标：
1. 学会食醋中总酸度的测定方法和操作技能。
2. 能选择强碱滴定弱酸的指示剂并能进行终点判断。

素质目标：
1. 要求有严谨细致的学习态度。

2. 培养学生分析问题、解决问题的能力。

二、实验原理

食醋是一种混合酸，其主要成分是醋酸（CH_3COOH，简写为 HAc，$K_a = 1.8 \times 10^{-5}$），此外还含有少量的其他有机弱酸如乳酸等。当用 NaOH 标准溶液直接滴定时，测定的是食醋的总酸度，用其主要成分醋酸的含量来表示，与 NaOH 反应如下：

$$HAc + NaOH = NaAc + H_2O$$

因为产物 NaAc 为强碱弱酸盐，化学计量点呈弱碱性，pH 值约为 8.7，因变色区间落在碱性区域，所以选用酚酞作指示剂。

$$\rho(HAc) = \frac{c(NaOH)V(NaOH)M(HAc) \times 10^{-3}}{4.00 \times 10^{-3}} \ (g \cdot L^{-1})$$

三、实验准备

仪器：碱式滴定管（25mL）、锥形瓶（250mL，3个）、吸量管（5mL）。

试剂：NaOH 标准溶液（$0.1 mol \cdot L^{-1}$）、食醋、酚酞指示剂、纯化水。

四、实验步骤

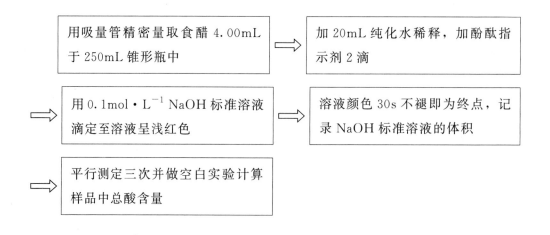

五、数据记录与处理

数据记录与计算 \ 测定序号	1	2	3
$c(\text{NaOH})/(\text{mol} \cdot \text{L}^{-1})$			
$V(\text{NaOH})$ 初读数/mL			
$V(\text{NaOH})$ 终读数/mL			
$V(\text{NaOH})$ /mL			
$\rho(\text{HAc})/(\text{g} \cdot \text{mL}^{-1})$			
平均值 $\bar{\rho}(\text{HAc})/(\text{g} \cdot \text{mL}^{-1})$			
相对平均偏差/%			

六、问题讨论

1. 吸量管和锥形瓶滴定前是否需要用食醋润洗？为什么？
2. 测定醋酸为什么选择酚酞作为指示剂？能否选择甲基橙？试说明理由。

七、注意事项

1. 食醋中纯醋酸的含量较高，须稀释后再滴定。
2. 食醋中纯醋酸易挥发，取用后应立即将试剂瓶盖盖好，防止挥发。

实验七 乳酸钠注射液中乳酸钠含量的测定

一、实验目标

知识目标：
1. 掌握非水溶液酸碱滴定的原理及操作方法。
2. 了解乳酸钠的测定方法。

能力目标：
1. 能对结晶紫作指示剂的滴定终点做出准确判断。
2. 学会乳酸钠含量的测定。

素质目标：
1. 要求有严谨细致的学习态度。
2. 培养学生分析问题、解决问题的能力。

二、实验原理

在以乙酸为溶剂的溶液中，高氯酸的酸性最强，因此在非水滴定中常采用高氯酸的乙酸溶液作为滴定碱的标准溶液。高氯酸、乙酸均含有水分，需要加入乙酸酐以除去其中的水分。高氯酸标准溶液通常用间接法配制。标定高氯酸标准溶液通常以邻苯二甲酸氢钾为基准物质，结晶紫作指示剂。滴定反应如下：

$$\text{C}_6\text{H}_4(\text{COOK})(\text{COOH}) + \text{HClO}_4 \rightleftharpoons \text{C}_6\text{H}_4(\text{COOH})_2 + \text{KClO}_4$$

高氯酸乙酸溶液的浓度可按下式计算：

$$c(\text{HClO}_4) = \frac{m(\text{邻苯二甲酸氢钾})}{M(\text{邻苯二甲酸氢钾})V(\text{HClO}_4) \times 10^{-3}}$$

式中，$V(\text{HClO}_4)$ 为空白校正后的体积。

乳酸钠注射液是注射用乳酸钠无菌水溶液，或由注射用无菌乳酸与氢氧化钠反应制得，具有弱碱性，在乙酸溶液中碱性增强，可用高氯酸乙酸标准溶液滴定其含量，结晶紫为指示剂。滴定反应如下：

$$CH_3CHOHCOONa + HClO_4 = CH_3CHOHCOOH + NaClO_4$$

乳酸钠的质量可按下式计算：

$$m(乳酸钠) = c(HClO_4) V(HClO_4) \times 10^{-3} \times M(乳酸钠)$$

式中，$V(HClO_4)$ 为空白校正后的体积。

三、实验准备

仪器：电子天平、微量滴定管（10mL）、量筒（100mL、20mL）、锥形瓶（50mL）、烧杯（500mL）、烘箱、容量瓶（1000mL）。

试剂：高氯酸（AR，70%～75%）、乙酸（AR）、乙酸酐（AR）、邻苯二甲酸氢钾（基准物质，105～110℃干燥至恒重）、结晶紫指示剂（0.5g 结晶紫溶于 100mL 无水乙醇）、乳酸钠注射液。

四、实验步骤

1. $0.1 mol \cdot L^{-1}$ 高氯酸标准溶液的配制

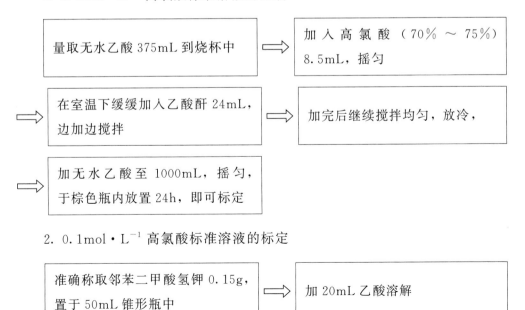

2. $0.1 mol \cdot L^{-1}$ 高氯酸标准溶液的标定

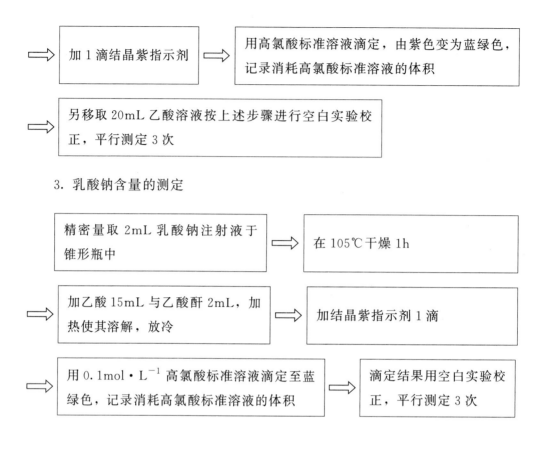

3. 乳酸钠含量的测定

五、数据记录与处理

1. 0.1mol·L^{-1}高氯酸标准溶液的标定

数据记录与计算 \ 测定序号	1	2	3
（KHP+瓶）初重/g			
（KHP+瓶）末重/g			
m（KHP）/g			
V（HClO$_4$）初读数/mL			
V（HClO$_4$）终读数/mL			
V（HClO$_4$）/mL			

续表

数据记录与计算 \ 测定序号	1	2	3
$V_{空白}$/mL			
$c(HClO_4)$/(mol·L^{-1})			
平均值 $\bar{c}(HClO_4)$/(mol·L^{-1})			
相对平均偏差/%			

2. 乳酸钠含量的测定

数据记录与计算 \ 测定序号	1	2	3
$V(HClO_4)$ 初读数/mL			
$V(HClO_4)$ 终读数/mL			
$V(HClO_4)$/mL			
$V_{空白}$/mL			
$c(HClO_4)$/(mol·L^{-1})			
m（乳酸钠）/g			
平均值 $\bar{m}$（乳酸钠）/g			
相对平均偏差/%			

六、问题讨论

1. 为什么邻苯二甲酸氢钾既能滴定酸又能滴定碱？

2. 为什么滴定中要做空白试验？

3. 乳酸钠为什么要去除水分？

七、注意事项

1. 所用仪器必须干燥干净。

2. 配制高氯酸标准溶液时，乙酸酐不能直接加入高氯酸溶液中，应先用乙酸稀释高氯酸后，再缓慢加入乙酸酐。高氯酸需要密封保存在棕色瓶中。

3. 样品称量要迅速，避免吸收空气中的水分。

4. 标定时要记下室温。

5. 微量滴定管的使用和读数（估重时按 8mL 计算；读数可读至小数点后第 3 位，最后一位为"5"或"0"）。

实验八　生理盐水中氯化钠含量的测定

一、实验目标

知识目标：

1. 掌握法扬斯法的原理、滴定条件和应用。
2. 熟悉判断吸附指示剂指示终点的方法。

能力目标：

1. 学习法扬斯法测定氯离子的原理和方法。
2. 巩固准确量取溶液和滴定操作。

素质目标：

1. 要求有严谨细致的学习态度。
2. 培养学生分析问题、解决问题的能力。

二、实验原理

用吸附指示剂指示滴定终点的银量法称为法扬斯法，又称为吸附指示剂法。

吸附指示剂是一些有机染料，它的阴离子在溶液中容易被带正电荷的胶状沉淀所吸附，吸附前后结构发生变化引起颜色变化，从而指示滴定终点。吸附指示剂法可用于测定 Cl^-、Br^-、I^-、SCN^-、SO_4^{2-} 和 Ag^+ 等。

以荧光黄为指示剂，用硝酸银标准溶液滴定 Cl^-，可用下式表示：

滴定反应：$Ag^+ + Cl^- =\!=\!= AgCl\downarrow$（白）

终点前：Cl^- 过量时，AgCl 吸附 Cl^- 生成 $AgCl\cdot Cl^-$；

终点时：Ag^+ 过量时，AgCl 吸附 Ag^+ 生成 $AgCl\cdot Ag^+$；

$$AgCl\cdot Ag^+ + FIn^- =\!=\!= AgCl\cdot Ag^+\cdot FIn^-$$
（黄绿色）　　　　（粉红色）

按下式计算 $AgNO_3$ 的浓度：

$$c(AgNO_3) = \frac{m(NaCl)}{M(NaCl)V(AgNO_3)\times 10^{-3}}$$

本法可用于测定生理盐水中 NaCl 的含量。

三、实验准备

仪器：电子天平、锥形瓶（250mL）、棕色酸式滴定管（25mL）、棕色试剂瓶（500mL）、量筒（10mL、50mL）、洗瓶。

试剂：硝酸银标准溶液（$0.1mol\cdot L^{-1}$）、糊精溶液（2%）、荧光黄指示剂（0.1%乙醇溶液）、NaCl 注射液、硼砂溶液（2.5%）、碳酸钙、纯化水。

四、实验步骤

1. $0.1mol\cdot L^{-1}$ $AgNO_3$ 溶液的配制和标定

(1) $0.1mol\cdot L^{-1}$ $AgNO_3$ 溶液的配制

| 称取 8.5g 硝酸银，用不含氯离子的纯化水溶解，转入棕色试剂瓶中 | ⇒ | 稀释至 500mL，摇匀，置于暗处，备用 |

(2) 0.1mol·L^{-1} AgNO$_3$ 溶液浓度的标定

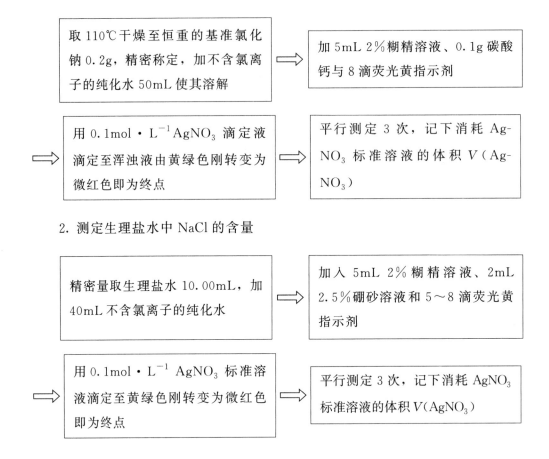

2. 测定生理盐水中 NaCl 的含量

五、数据记录与处理

1. 0.1mol·L^{-1} AgNO$_3$ 溶液的标定

测定序号 数据记录与计算	1	2	3
（NaCl+瓶）初重/g			
（NaCl+瓶）末重/g			
m(NaCl) /g			
V(AgNO$_3$) 初读数/mL			

续表

数据记录与计算 \ 测定序号	1	2	3
$V(AgNO_3)$ 终读数/mL			
$V(AgNO_3)$ /mL			
$c(AgNO_3)$ /(mol·L^{-1})			
平均值 $\bar{c}(AgNO_3)$ /(mol·L^{-1})			
相对平均偏差/%			

2. 生理盐水中 NaCl 的含量

数据记录与计算 \ 测定序号	1	2	3
$c(AgNO_3)$/(mol·L^{-1})			
$V(AgNO_3)$ 初读数/mL			
$V(AgNO_3)$ 终读数/mL			
$V(AgNO_3)$ /mL			
$\rho(NaCl)/(g·L^{-1})$			
平均值 $\bar{\rho}(NaCl)/(g·L^{-1})$			
相对平均偏差/%			

计算公式如下：$\rho(NaCl) = \dfrac{c(AgNO_3)V(AgNO_3) \times M(NaCl) \times 10^{-3}}{10.00}$ (g·L^{-1})

六、问题讨论

1. 吸附指示剂法测定氯化物和溴化物时，常用的指示剂是什么？
2. 吸附指示剂法测定卤化物时，应该注意什么？

七、注意事项

1. 吸附指示剂法颜色变化是发生在沉淀表面，欲使终点变色明显，应尽量使沉淀的表面大一些，加糊精保护卤化银胶体微粒。

2. 胶体微粒对指示剂的吸附能力应略小于对被测离子的吸附能力。卤化银对卤离子和几种吸附指示剂的吸附能力顺序如下：$I^->SCN^->Br^->$曙红$>Cl^->$荧光黄。

3. 配制 $AgNO_3$ 标准溶液所用的水应无 Cl^-，否则配成的 $AgNO_3$ 溶液会出现白色浑浊不能使用。

4. $AgNO_3$ 见光析出金属银 $2AgNO_3 =\!=\!= 2Ag\downarrow +2NO_2\uparrow +O_2\uparrow$，故需保存在棕色试剂瓶中。$AgNO_3$ 若与有机物接触，则起还原作用，其加热颜色变黑，故勿使 $AgNO_3$ 与皮肤接触。

5. 实验结束后，盛装 $AgNO_3$ 溶液的滴定管应先用纯化水冲洗 2～3 次，再用自来水冲洗，以免产生 AgCl 沉淀，难以洗净。含银废液应予以回收，切记不能随意倒入水槽。

实验九　硫代硫酸钠标准溶液的配制和标定

一、实验目标

知识目标：

1. 掌握置换碘量法的基本原理。
2. 掌握 $Na_2S_2O_3$ 标准溶液的配制与标定方法。

能力目标：

1. 掌握置换滴定的实验原理。
2. 学会基准物质的称量方法。

素质目标：

1. 要求有严谨细致的学习态度。
2. 培养学生分析问题、解决问题的能力。

二、实验原理

$Na_2S_2O_3 \cdot 5H_2O$ 晶体通常含有 S、Na_2SO_3、Na_2SO_4 等少量杂质，且易风化或潮解，只能用间接法配制标准溶液。$Na_2S_2O_3$ 溶液不稳定易分解，原因是在水中溶解的 CO_2、微生物、空气中的 O_2 等作用下 $Na_2S_2O_3$ 发生下列反应：

$$2Na_2S_2O_3 + O_2 = 2Na_2SO_4 + 2S\downarrow$$

$$Na_2S_2O_3 + CO_2 + H_2O = NaHSO_3 + NaHCO_3 + S\downarrow$$

$$Na_2S_2O_3 \xrightarrow{\text{(微生物)}} Na_2SO_3 + S\downarrow$$

因此，配制 $Na_2S_2O_3$ 溶液时，需要用新煮沸后冷却的纯化水，目的是除去 CO_2 和杀死细菌；加入少量 Na_2CO_3，使溶液呈弱碱性（pH9~10），以抑制细菌生长。溶液配好后储存在棕色瓶中避光保存，使用一段时间后要重新标定。如果发现溶液变浑，应该过滤后再重新标定。

标定 $Na_2S_2O_3$ 溶液常用的基准物质有 $K_2Cr_2O_7$、KIO_3、$KBrO_3$ 等。本实验采用置换滴定法，用基准物质 $K_2Cr_2O_7$ 标定。在酸性溶液中定量的 $K_2Cr_2O_7$ 与过量的 KI 作用，析出 I_2，反应为：

$$Cr_2O_7^{2-} + 6I^- + 14H^+ = 2Cr^{3+} + 3I_2\downarrow + 7H_2O$$

酸度较低时，析出 I_2 反应速率较慢，酸度较高时，I^- 易被空气氧化成 I_2，因此反应时酸度控制在 $0.5mol \cdot L^{-1}$，避光放置10min，使反应定量完成。反应完成后，再以淀粉为指示剂，用 $Na_2S_2O_3$ 溶液滴定，反应式如下：

$$I_2 + 2Na_2S_2O_3 = Na_2S_4O_6 + 2NaI$$

I_2 与 $Na_2S_2O_3$ 反应只能在中性或弱酸性溶液中进行，因此滴定前应该将溶液稀释，降低酸度至 $0.2mol \cdot L^{-1}$，有利于滴定进行。

由以上反应式可知，$Cr_2O_7^{2-}$ 与 $Na_2S_2O_3$ 之间物质的量比为 1∶6，故可按下

式计算 $Na_2S_2O_3$ 溶液的浓度：

$$c(Na_2S_2O_3) = \frac{6 \times \frac{m(K_2Cr_2O_7)}{M(K_2Cr_2O_7)}}{V(Na_2S_2O_3) \times 10^{-3}} \ (mol \cdot L^{-1})$$

三、实验准备

仪器：电子天平、滴定管、烧杯（100mL）、锥形瓶（250mL）、容量瓶（100mL、500mL）、碘量瓶（250mL）、移液管（25mL）、棕色试剂瓶（500mL）、量筒（10mL、100mL）。

试剂：$Na_2S_2O_3 \cdot 5H_2O$ 样品、盐酸（6mol·L^{-1}）、KI 溶液（10%）、$K_2Cr_2O_7$（基准试剂，120℃干燥至恒重）、Na_2CO_3 固体、淀粉溶液（0.5%）、纯化水。

四、实验步骤

1. $Na_2S_2O_3$ 溶液的配制

称量 13g $Na_2S_2O_3 \cdot 5H_2O$ 和 0.1g Na_2CO_3 放入 100mL 烧杯，加入 100mL 新煮沸后冷却的纯化水溶解	⇨	溶液转移至 500mL 容量瓶，再加入纯化水稀释至 500mL，摇匀，至棕色试剂瓶，7～10 天过滤后标定

2. $K_2Cr_2O_7$ 标准溶液的配制

取基准物质 $K_2Cr_2O_7$ 0.49g 精密称定，放入 100mL 烧杯，加入 30mL 纯化水溶解	⇨	溶液转移至 100mL 容量瓶，加入纯化水稀释至刻度线，定容摇匀，备用

3. $Na_2S_2O_3$ 溶液的标定

用移液管精密量取 $K_2Cr_2O_7$ 标准溶液 25.00mL 至碘量瓶，加入 5mL HCl（6mol·L^{-1}）溶液	⇨	再加 KI 溶液（10%）20mL，摇匀密封后，暗处放置 10min，再加入 50mL 纯化水

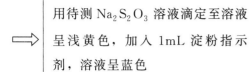

五、数据记录与处理

数据记录与计算 \ 测定序号	1	2	3
$m(K_2Cr_2O_7)$ /g			
$V(Na_2S_2O_3)$ 初读数/mL			
$V(Na_2S_2O_3)$ 终读数/mL			
$V(Na_2S_2O_3)$ /mL			
$c(Na_2S_2O_3)$ /(mol·L^{-1})			
$\bar{c}(Na_2S_2O_3)$ /(mol·L^{-1})			
相对平均偏差/%			

六、问题讨论

1. $Na_2S_2O_3$ 溶液配好后为什么要放置 7~10 天?加入 Na_2CO_3 的作用是什么?

2. 标定 $Na_2S_2O_3$ 标准溶液时为什么要在一定的酸度范围内?酸度过高或过低有何影响?

3. 滴定前溶液要在暗处放置 10min,如果没有这步操作会使滴定结果产生什么变化?

4. 滴定前加 50mL 纯化水稀释的目的是什么？

5. 为什么平行试验的碘化钾试剂不要在同一时间加入，要做一份加一份？

七、注意事项

1. $Na_2S_2O_3$ 溶液配好后要放置 7～10 天过滤除去 S，再进行标定。

2. $Na_2S_2O_3$ 与 I_2 的反应只能在中性或弱酸性溶液中进行，所以进行滴定前溶液应加以稀释，一为降低酸度，二为使终点时溶液中的 Cr^{3+} 颜色不会太深，影响终点观察。

3. 为减少 I_2 的挥发，滴定开始时应该快滴轻摇。近终点加淀粉指示剂后要大力振摇、慢滴，减少淀粉的吸附作用。

4. $K_2Cr_2O_7$ 在酸性溶液中与过量 KI 作用析出 I_2，在酸度较低时此反应完成较慢，若酸度太强又有使 KI 被空气氧化成 I_2 的风险，因此必须注意酸度的控制，并避光放置 10min，此反应才能定量完成。

5. KI 过量不宜太多，否则会使淀粉指示剂变色不灵敏。

实验十　碘盐中碘含量的测定

一、实验目标

知识目标：

1. 掌握间接碘量法的基本原理、滴定条件和应用。
2. 掌握碘盐中碘含量测定的方法及计算。

能力目标：

1. 学会使用淀粉指示剂，会判断终点颜色的变化。
2. 学会正确使用移液管、容量瓶、滴定管。

素质目标：

1. 要求有严谨细致的学习态度。
2. 培养学生分析问题、解决问题的能力。

二、实验原理

碘是人体内合成甲状腺素所必需的微量元素,也是合成甲状腺激素的主要成分。缺碘会引起甲状腺肿大、地方性克汀病等碘缺乏病。目前,经济、安全、有效的方式是食用盐加碘,碘含量达 18~33mg/kg。加碘盐中碘以碘酸盐(IO_3^-)形式存在。将食盐溶于水后,在酸性条件下加入过量 KI,可与 IO_3^- 反应析出 I_2,然后用 $Na_2S_2O_3$ 标准溶液滴定 I_2,临近终点时,加入淀粉指示剂,溶液显深蓝色,继续滴定至深蓝色刚好消失即为终点。反应如下:

$$IO_3^- + 5I^- + 6H^+ = 3I_2 + 3H_2O$$

$$I_2 + 2Na_2S_2O_3 = Na_2S_4O_6 + 2NaI$$

由以上反应式可以看出:IO_3^- 与 $Na_2S_2O_3$ 之间物质的量比为 1∶6。故可按下式计算碘含量:

$$\rho(I) = \frac{1}{6} \times \frac{c(Na_2S_2O_3)\ V(Na_2S_2O_3)\ M(I)}{m(碘盐) \times \frac{25.00}{100.00} \times 10^{-3}} \ (mg \cdot kg^{-1})$$

三、实验准备

仪器:电子天平(0.01g)、滴定管(25mL)、容量瓶(100mL,棕色)、碘量瓶(250mL)、量筒(10mL)、移液管(25mL)、烧杯(200mL)。

试剂:加碘盐样品、H_2SO_4 溶液(2mol·L^{-1})、KI 溶液(10%)、$Na_2S_2O_3$ 标准溶液(0.002mol·L^{-1},已标定)、淀粉指示剂(0.5%)、纯化水。

四、实验步骤

1. 碘盐溶液的配制

称量 15g 加碘盐样品(准确至 0.01g),置于烧杯中,加 50mL 纯化水溶解		转移至 100mL 容量瓶中,加纯化水稀释至刻度线,定容,摇匀备用

2. 碘盐中碘含量的测定

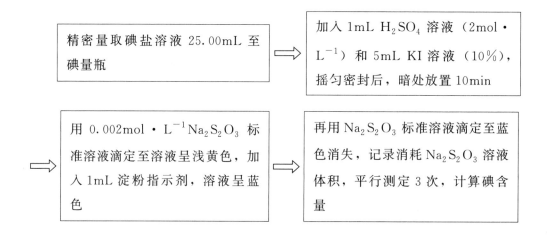

五、数据记录与处理

测定序号 数据记录与计算	1	2	3
$c(Na_2S_2O_3)/(mol \cdot L^{-1})$			
$V(Na_2S_2O_3)$ 初读数/mL			
$V(Na_2S_2O_3)$ 终读数/mL			
$V(Na_2S_2O_3)$ /mL			
$\rho(I)/(mg \cdot kg^{-1})$			
$\bar{\rho}(I)/(mg \cdot kg^{-1})$			
相对平均偏差/%			

六、问题讨论

1. 测定碘盐含量时需要加入过量 KI 溶液,其作用是什么?

2. 淀粉溶液应该现用现配，如果放置一段时间后再使用，对滴定结果有什么影响？

3. $Na_2S_2O_3$ 溶液滴定 I_2 时，为什么在临近终点加入淀粉指示剂？

4. 碘化钾固体是白色晶体，但是 KI 溶液的颜色往往显黄色，原因是什么？

七、注意事项

1. 滴定之前，反应的混合物应避光，因为当此溶液受到光照时，会发生碘离子被氧化成碘分子的反应。

2. 如果淀粉指示剂加入太早，会形成较牢固的碘淀粉络合物，使反应减慢，从而出现结果升高的假象。

3. 淀粉指示剂易变质且碘分子容易挥发，当室温较高时，淀粉的灵敏度就会降低，因此此反应应该在低于 30℃ 的实验室内进行。

实验十一　高锰酸钾滴定法测定 H_2O_2 含量

一、实验目标

知识目标：

1. 掌握高锰酸钾滴定法测定 H_2O_2 的原理和方法。
2. 掌握高锰酸钾溶液的配制和标定。
3. 掌握液体样品的取用方法。

能力目标：

1. 学会使用自身指示剂，会判断终点颜色的变化。
2. 能够正确使用吸量管进行操作。

素质目标：

1. 要求有严谨细致的学习态度。
2. 培养学生分析问题、解决问题的能力。

二、实验原理

市售的 $KMnO_4$ 试剂常含有少量 MnO_2 和其他杂质,同时 $KMnO_4$ 易与水中有机物、空气中尘埃等还原性物质反应以及自身能自动分解,见光分解更快,因此 $KMnO_4$ 标准溶液不能直接配制成准确浓度,只能配制成粗略浓度,配成的溶液储存在棕色试剂瓶中,密闭暗处放置 7 天或煮沸 20min,过滤,用基准物质标定出准确浓度。标定 $KMnO_4$ 的基准物质有很多,如 $(NH_4)_2C_2O_4$、$Na_2C_2O_4$、$FeSO_4 \cdot 7H_2O$、$H_2C_2O_4 \cdot 2H_2O$ 等。其中 $Na_2C_2O_4$ 易纯化,性质稳定且不含结晶水,是标定 $KMnO_4$ 溶液最常用的基准物质。其反应如下:

$$5C_2O_4^{2-} + 2MnO_4^- + 16H^+ =\!=\!= 2Mn^{2+} + 10CO_2 \uparrow + 8H_2O$$

滴定时利用 $KMnO_4$ 自身的颜色变化判断滴定终点,故 $KMnO_4$ 称为自身指示剂。

按下式计算 $KMnO_4$ 溶液的浓度:

$$c(KMnO_4) = \frac{2}{5} \times \frac{m(Na_2C_2O_4)}{M(Na_2C_2O_4)V(KMnO_4) \times 10^{-3}}$$

H_2O_2 具有还原性,在酸性溶液中易被 $KMnO_4$ 氧化生成水和氧气,可用 $KMnO_4$ 来测定 H_2O_2 含量,反应如下:

$$5H_2O_2 + 2MnO_4^- + 6H^+ =\!=\!= 2Mn^{2+} + 8H_2O + 5O_2 \uparrow$$

反应开始时速率较慢,在滴定过程中生成的 Mn^{2+} 有催化作用,随着 Mn^{2+} 增多,反应速率逐渐加快。反应到达化学计量点后,稍过量的 $KMnO_4$ 呈浅红色而指示终点,故不需另加指示剂。

按下式计算 H_2O_2 含量:

$$\rho(H_2O_2) = \frac{5}{2} \times \frac{c(KMnO_4) \ V(KMnO_4) \ M(H_2O_2)}{5.00 \times \frac{20.00}{100.00}} \quad (g \cdot L^{-1})$$

三、实验准备

仪器:电子天平、棕色酸式滴定管、电炉、温度计、微孔玻璃漏斗、烧杯(1000mL)、锥形瓶(250mL)、棕色试剂瓶(500mL)、量筒(10mL、100mL)、容量瓶(100mL)、吸量管(5.00mL)、移液管(20.00mL)。

试剂：Na$_2$C$_2$O$_4$（s，AR）、KMnO$_4$（s）、H$_2$SO$_4$ 溶液（3mol·L^{-1}）、消毒液样品（含 H$_2$O$_2$ 约 3％）、纯化水。

四、实验步骤

1. 0.02mol·L^{-1} KMnO$_4$ 溶液的配制

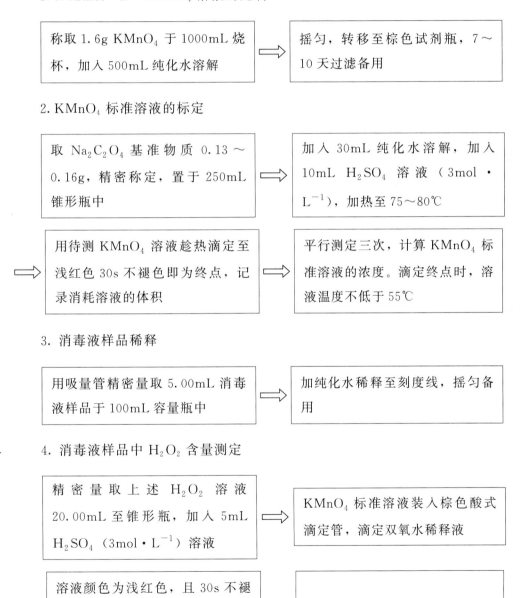

2. KMnO$_4$ 标准溶液的标定

3. 消毒液样品稀释

4. 消毒液样品中 H$_2$O$_2$ 含量测定

五、数据记录与处理

1. $KMnO_4$ 标准溶液的标定

数据记录与计算 \ 测定序号	1	2	3
$m(Na_2C_2O_4)$ /g			
$V(KMnO_4)$ 初读数/mL			
$V(KMnO_4)$ 终读数/mL			
$V(KMnO_4)$ /mL			
$c(KMnO_4)$ /(mol·L^{-1})			
$\bar{c}(KMnO_4)$ /(mol·L^{-1})			
相对平均偏差/%			

2. 消毒液样品中 H_2O_2 含量测定

数据记录与计算 \ 测定序号	1	2	3
$c(KMnO_4)$/(mol·L^{-1})			
$V(KMnO_4)$ 初读数/mL			
$V(KMnO_4)$ 终读数/mL			
$V(KMnO_4)$ /mL			
$\rho(H_2O_2)$/(g·L^{-1})			
$\bar{\rho}(H_2O_2)$/(g·L^{-1})			
相对平均偏差/%			

六、问题讨论

1. 实验中控制酸性条件时，使用的是 H_2SO_4 调节酸度，能否换成 HCl 或 HNO_3？
2. 配制 $KMnO_4$ 溶液，应该注意哪些问题？
3. $KMnO_4$ 溶液为何要装在棕色酸式滴定管中？如何读数？
4. 装满 $KMnO_4$ 溶液的烧杯或滴定管，久置后，其壁上常有棕色的沉淀，该沉淀是什么？怎样洗涤？
5. $Na_2C_2O_4$ 标定 $KMnO_4$ 时，需要注意哪些反应条件？
6. H_2O_2 与 $KMnO_4$ 反应速度较慢，能否通过加热溶液来加快反应速率？为什么？

七、注意事项

1. 使用滴定管读取深色溶液读数时，视线与液面两侧与滴定管内壁交界面的最高点保持水平。
2. 用 $Na_2C_2O_4$ 标定 $KMnO_4$ 溶液时要控制好溶液的酸度，酸度过高，$Na_2C_2O_4$ 易分解；酸度过低，会有 MnO_2 生成，造成滴定误差。
3. $Na_2C_2O_4$ 标定 $KMnO_4$ 的滴定反应需在较高温度（75～85℃）下进行。滴定开始时，反应很慢，$KMnO_4$ 溶液须逐滴加入，如滴加过快，$KMnO_4$ 会在热溶液中分解：

$$4KMnO_4 + 2H_2SO_4 = 4MnO_2\downarrow + 2K_2SO_4 + 2H_2O + 3O_2\uparrow$$

若反应温度过高，$Na_2C_2O_4$ 易分解；温度低，反应速度缓慢。

4. 双氧水具有强氧化性，使用时应避免接触皮肤。H_2O_2 受热易分解，滴定时不需加热。
5. 若 H_2O_2 中含有机物质，会消耗 $KMnO_4$，使测定结果偏高。这时，应改用碘量法或铈量法测定 H_2O_2。若双氧水试样是工业产品，会含有少量乙酸苯胺或尿素，也具有还原性，用 $KMnO_4$ 滴定误差较大，可用碘量法测定。

> **知识链接**
>
> 过氧化氢水溶液俗称双氧水,在工业、医药、食品等领域应用广泛,利用其氧化性可用于织物、纸浆、草藤竹制品的漂白。临床上使用的双氧水,一般浓度为 2.5%~3.5%,可以用于炎症治疗或者伤口的清洁,比如化脓性外耳道炎、中耳炎、口腔炎、扁桃体炎等。

实验十二　亚硝酸钠标准溶液的配制和标定

一、实验目标

知识目标:
1. 掌握重氮化滴定的原理和滴定条件。
2. 熟悉永停滴定法的装置和实验操作。

能力目标:
1. 能够准确判断滴定终点。
2. 能够正确进行滴定操作。

素质目标:
1. 要求有严谨细致的学习态度。
2. 培养学生分析问题、解决问题的能力。

二、实验原理

永停滴定法属于电流滴定法,它是用两个相同的铂电极插入待滴定溶液中,在两个电极外加一电压(10~200mV)作用下,观察滴定过程中通过两极间的电流变化,根据电流变化的情况确定滴定终点。永停滴定法装置简单,确定终点方便,准确度高。对氨基苯磺酸是具有芳伯氨基的化合物,在酸性条件下,可与 $NaNO_2$ 发生重氮化反应而定量地生成重氮盐。其反应如下:

$$HO_3S-\underset{}{\bigcirc}-NH_2 + NaNO_2 + 2HCl \Longrightarrow \left[HO_3S-\underset{}{\bigcirc}-\overset{+}{N}=N\right]Cl^- + NaCl + 2H_2O$$

化学计量点前，两个电极上无反应，故无电解电流产生。化学计量点后，溶液中少量的亚硝酸钠及其分解产物一氧化氮在两个铂电极上产生反应。因此，滴定终点时，电池由原来的无电流通过变为有电流通过，检流计指针发生偏转，并不再回到零，从而判断为滴定终点。根据消耗 $NaNO_2$ 的体积和基准物的称样量，便可计算出 $NaNO_2$ 标准溶液的浓度。

按下式计算 $NaNO_2$ 物质的量浓度：

$$c(NaNO_2) = \frac{m(对氨基苯磺酸)}{M(对氨基苯磺酸)\, V(NaNO_2) \times 10^{-3}}$$

三、实验准备

仪器：永停滴定仪、金属搅拌棒、铂电极、酸式滴定管（25mL）、烧杯（100mL）、细玻璃棒、电子天平容量瓶（1000mL）。

试剂：对氨基苯磺酸（基准物，120℃干燥至恒重）、浓氨液、$NaNO_2$（AR）、盐酸（pH 1～2）、淀粉碘化钾试纸、$FeCl_3$（AR）、20%盐酸、无水碳酸钠、纯化水。

四、实验步骤

1. $0.1mol \cdot L^{-1} NaNO_2$ 溶液的配制

| 称取亚硝酸钠 7.2g，加无水碳酸钠 0.1g 于 100mL 烧杯中 | ⇨ | 加少量纯化水使其溶解并稀释至 1000mL 左右，摇匀备用 |

2. $0.1mol \cdot L^{-1} NaNO_2$ 溶液浓度的标定

| 准确称取 120℃干燥至恒重的基准物对氨基苯磺酸 0.4g 于 100mL 烧杯中 | ⇨ | 加纯化水 30mL、浓氨液 3mL 溶解，加 20%盐酸 20mL，搅拌。30℃以下用 $NaNO_2$ 溶液迅速滴定 |

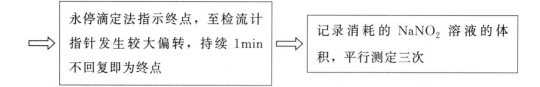

五、数据记录与处理

数据记录与计算 \ 测定序号	1	2	3
（对氨基苯磺酸＋瓶）初重/g			
（对氨基苯磺酸＋瓶）末重/g			
m（对氨基苯磺酸）/g			
$V(NaNO_2)$ 初读数/mL			
$V(NaNO_2)$ 终读数/mL			
$V(NaNO_2)$ /mL			
$c(NaNO_2)/(mol \cdot L^{-1})$			
平均值 $\bar{c}(NaNO_2)/(mol \cdot L^{-1})$			
相对平均偏差/%			

六、问题讨论

1. 实验中电极不进行活化处理或活化不彻底对测试结果会有什么影响？

2. 对氨基苯磺酸摩尔质量很大，是否可以不用分析天平称量而改用精度较小的天平？

3. 在对氨基苯磺酸中加入浓氨液的作用是什么？加入量控制依据是什么？

4. 在滴定反应中，如何操作才能尽量防止亚硝酸钠分解？搅拌速度影响结果吗？

七、注意事项

1. 实验前，应检查永停滴定仪的检流计灵敏度是否合适，在重氮化滴定中要求 9～10A/格。若灵敏度不够必须更换；若灵敏度太高，必须衰减后再使用。实验前必须检查永停滴定仪的外加电压，可用电位计或酸度计测量。一般外加电压在 30～100mV 之间，本次试验采用 90mV。一旦调好，则试验过程中不可再变动。

2. 电极活化。电极经多次测量后钝化（电极反应不灵敏），需对铂电极进行活化处理。方法是在浓硝酸中加入少量 $FeCl_3$，浸泡 30min 以上。浸泡时，需将铂电极插入溶液中，但勿接触器皿底部，以免弯折受损。

3. 对氨基苯磺酸难溶于水，加入浓氨液可使其溶解。操作时一定要待样品完全溶解后方可用盐酸酸化。

4. 重氮化反应，宜在 0～15℃下进行。在常温下进行实验操作，要防止亚硝酸钠分解。在滴定时，将滴定管尖端插入液面下约 2/3 处，边滴边搅拌，滴定速度要快些。同时注意检流计光标的晃动。若光标晃动幅度较大，经搅动又回原位，表明终点即将到达，此时，可将滴定管尖端提出液面，用少量纯化水洗涤尖端，继续一滴一滴缓缓滴定，直至检流计光标偏转较大且不回复，即达到终点。

5. 终点的确定，可配合淀粉 KI 试纸，在近终点时，用细玻璃棒蘸取少量溶液，接触淀粉 KI 试纸，若立即变蓝，则到终点；若不立即变蓝，则未到终点（试纸后来变蓝，是空气氧化的结果）。

实验十三　EDTA 标准溶液的配制和标定

一、实验目标

知识目标：
1. 掌握 EDTA 标准溶液的配制与标定。
2. 掌握称量方法、滴定管的使用和滴定操作。

能力目标：

1. 学会分析天平、滴定管的使用。
2. 能够对分析测定结果进行正确的数据处理。

素质目标：

1. 要求有严谨细致的学习态度。
2 培养学生分析问题、解决问题的能力。

二、实验原理

纯度高的 EDTA 二钠盐（$Na_2H_2Y \cdot 2H_2O$）溶液可采用直接法配制，但因其略有吸湿性，所以配制之前应先在 80℃ 以下干燥至恒重。若纯度不够，则用间接法配制，再用氧化锌或纯锌为基准物标定。为了减少误差，标定与测定条件应尽可能相同。若以铬黑 T 为指示剂，有关反应如下：

滴定前：$Zn^{2+} + HIn^{2-} \rightleftharpoons ZnIn^-$（紫红色）$+ H^+$

滴定时：$Zn^{2+} + H_2Y^{2-} \rightleftharpoons ZnY^{2-} + 2H^+$

终点时：$ZnIn^-$（紫红色）$+ H_2Y^{2-} \rightleftharpoons ZnY^{2-} + HIn^{2-}$（纯蓝色）$+ H^+$

当反应溶液由紫红色变为纯蓝色时，即为终点。

按下式计算 EDTA 的物质的量浓度：

$$c(\text{EDTA}) = \frac{m(\text{ZnO}) \times 1000}{M(\text{ZnO}) \times V(\text{EDTA})}$$

三、实验准备

仪器：托盘天平、电子天平、酸碱两用滴定管（25mL）、烧杯（100mL）、锥形瓶（250mL）、量筒（25mL）、容量瓶（1000mL）。

试剂：EDTA 二钠盐（AR）、ZnO（基准物，800℃ 灼烧至恒重）、铬黑 T 指示剂（1g 铬黑 T 固体加 100g NaCl 固体混合）、稀盐酸（1∶1）、0.025% 甲基红的乙醇溶液、氨试液、氨-氯化铵缓冲溶液（pH = 10）、纯化水。

四、实验步骤

1. 0.05mol·L^{-1} EDTA 溶液的配制

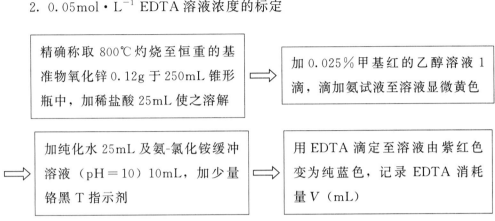

2. 0.05mol·L^{-1} EDTA 溶液浓度的标定

五、数据记录与处理

数据记录与计算 \ 测定序号	1	2	3
$m(\text{ZnO})$ /g			
$V(\text{EDTA})$ 初读数/mL			
$V(\text{EDTA})$ 终读数/mL			
$V(\text{EDTA})$ /mL			
$c(\text{EDTA})$/(mol·L^{-1})			
平均值 $\bar{c}$(EDTA)/(mol·L^{-1})			
相对平均偏差/%			

六、问题讨论

1. 滴定过程中要求充分摇动锥形瓶的原因是什么？
2. 滴定过程为什么要在缓冲溶液中进行？如果没有缓冲溶液存在，将会导致什么现象？
3. 中和溶解基准物质剩余盐酸时，能否用酚酞取代甲基红？为什么？

七、注意事项

1. 由于指示剂为固体，在水溶液中有溶解过程，所以加入时应注意用量，加入一定量指示剂并充分摇匀溶解后，观察溶液颜色深浅判断指示剂是否足量，三个平行实验颜色尽量一致。
2. 实验中使用氨试液和氨-氯化铵缓冲溶液，挥发性较强，应保持实验室通风，尽量减少氨吸入量。

实验十四　水的总硬度和钙镁含量的测定

一、实验目标

知识目标：

1. 掌握配位滴定法测定 Ca^{2+}、Mg^{2+} 的原理和水的总硬度的表示方法。
2. 熟悉金属指示剂的变色原理及其应用。
3. 掌握移液管、滴定管的使用和滴定操作。

能力目标：

1. 学会配位滴定法测定 Ca^{2+}、Mg^{2+} 含量的原理和方法。
2. 能够正确进行滴定操作。

素质目标：

1. 要求有严谨细致的学习态度。

2. 培养学生分析问题、解决问题的能力。

二、实验原理

数字资源5-2
水的总硬度和钙镁的含量测定

水的总硬度高主要由水中含有的钙盐和镁盐所致。测定水的总硬度就是测定水中 Ca^{2+}、Mg^{2+} 含量。水的总硬度有两种表示方法：以每升水中所含 $CaCO_3$ 质量表示；以每升水中含 10mg CaO 为 1 度来表示。测定时，取一定量水样，调节 pH=10，以铬黑 T 为指示剂，用 EDTA 标准溶液直接滴定水中的 Ca^{2+} 和 Mg^{2+}。其反应式如下：

滴定前：$Mg^{2+} + HIn^{2-} \rightleftharpoons MgIn^- + H^+$

滴定时：$Ca^{2+} + H_2Y^{2-} \rightleftharpoons CaY^{2-} + 2H^+$

$Mg^{2+} + H_2Y^{2-} \rightleftharpoons MgY^{2-} + 2H^+$

终点时：$MgIn^-$（酒红色）$+ H_2Y^{2-} \rightleftharpoons MgY^{2-} + HIn^{2-}$（纯蓝色）$+ H^+$

我国较多地是使用 $CaCO_3$ 表示硬度，我国《生活饮用水卫生标准》（GB 5749—2022）规定生活饮用水的总硬度（以 $CaCO_3$ 计）不得超过 450mg·L^{-1}。Ca^{2+} 含量测定，先用 NaOH 调节水的 pH=12，使 Mg^{2+} 以 $Mg(OH)_2$ 沉淀析出，再以钙指示剂指示终点，用 EDTA 标准溶液滴定 Ca^{2+}。Mg^{2+} 含量是由等体积水样中 Ca^{2+}、Mg^{2+} 的总量减去 Ca^{2+} 含量求得。按下式计算水的总硬度（以 $CaCO_3$ 表示，mg·L^{-1}）：

$$\rho(CaCO_3) = \frac{c(EDTA)(\overline{V}_1 - V_0)M(CaCO_3)}{V_{水样}} \times 1000 \ (mg·L^{-1})$$

式中，$\overline{V}_1$ 为 3 次滴定 Ca^{2+}、Mg^{2+} 总量所消耗 EDTA 的平均体积，mL；V_0 为空白实验所消耗 EDTA 的体积，mL。

按下式计算 Ca^{2+}、Mg^{2+} 含量（mg·L^{-1}）：

$$\rho(Ca^{2+}) = \frac{c(EDTA)\overline{V}_2 M(Ca)}{V_{水样}} \times 1000 \ (mg·L^{-1})$$

$$\rho(Mg^{2+}) = \frac{c(EDTA)(\overline{V}_1 - \overline{V}_2)M(Mg)}{V_{水样}} \times 1000 \ (mg·L^{-1})$$

式中，$\overline{V}_2$ 为 3 次滴定 Ca^{2+} 所消耗 EDTA 的平均体积，mL；$\overline{V}_1 - \overline{V}_2$ 为 Mg^{2+} 所消耗 EDTA 的体积，mL。

三、实验准备

试剂：EDTA 标准溶液（0.005mol·L^{-1}，已标定）、NaOH 溶液（6mol·L^{-1}）、NH$_3$·H$_2$O-NH$_4$Cl 缓冲溶液（pH=10）、铬黑 T 指示剂（铬黑 T 与固体 NaCl 按 1∶100 比例混合，研磨均匀，贮于棕色广口瓶中）、钙指示剂（钙指示剂与固体 NaCl 按 2∶100 比例混合，研磨均匀，贮于棕色广口瓶中）、纯化水。

仪器：酸式滴定管（25mL）、烧杯（500mL）、锥形瓶（250mL）、移液管（50mL）、量筒（10mL）。

四、实验步骤

1. 水的总硬度测定（Ca^{2+}、Mg^{2+} 总量的测定）

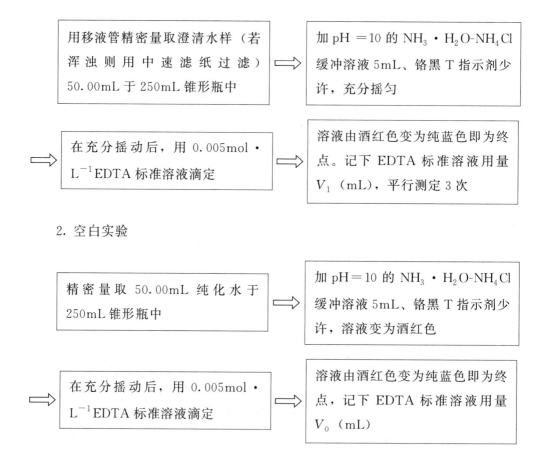

2. 空白实验

注意：当加入铬黑 T 指示剂后，若溶液变为酒红色，则说明纯化水含有 Ca^{2+}、Mg^{2+}；若溶液变为纯蓝色，说明纯化水中无 Ca^{2+}、Mg^{2+}，此时无需继续进行滴定操作。

3. Ca^{2+} 含量的测定

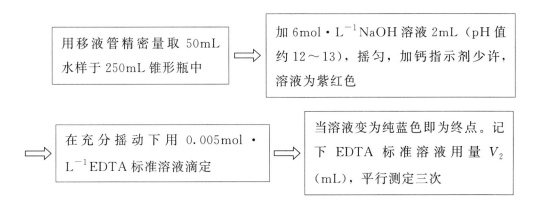

五、数据记录与处理

测定序号 数据记录与计算	1	2	3
$c(EDTA)/(mol \cdot L^{-1})$			
V_1 初读数/mL			
V_1 终读数/mL			
V_1/mL			
$\overline{V}_1$/mL			
V_2 初读数/mL			
V_2 终读数/mL			
V_2/mL			
$\overline{V}_2$/mL			

续表

数据记录与计算＼测定序号	1	2	3
$\rho(CaCO_3)/(mg \cdot L^{-1})$			
$\rho(Ca^{2+})/(mg \cdot L^{-1})$			
$\rho(Mg^{2+})/(mg \cdot L^{-1})$			

六、问题讨论

1. 本实验中加入 $NH_3 \cdot H_2O\text{-}NH_4Cl$ 缓冲溶液和 NaOH 溶液，各起什么作用？

2. 测定水样中若有少量 Fe^{3+}、Cu^{2+} 时，对终点有什么影响？如何消除影响？

3. EDTA 标准溶液为什么需要放入塑料试剂瓶中保存？

七、注意事项

1. 实验中应注意移液管、滴定管和锥形瓶的清洗原则。由于实验中直接检测水样，所以洗涤移液管时用自来水清洗即可，滴定管和锥形瓶按常规方式进行清洗。

2. 实验中，由于指示剂为固体，在水溶液中有溶解的过程，所以加入时应注意用量，依据少量多次加入原则，每加入一次充分摇匀溶解后观察颜色深浅判断是否足量。平行实验溶液颜色尽量一致。

3. 数据处理应根据有效数字的位数计算保留相应位数。

知识链接

Ca^{2+}、Mg^{2+} 是人体每天所必需的微量元素之一，如果水中含有一定量的 Ca^{2+}、Mg^{2+}，则通过饮用水可一定程度上补充人体所需的营养成分。其实生活中饮用水硬度过高、过低都不好，会影响人体健康。长期饮用硬度较低的水，会使人体缺乏 Ca^{2+}、Mg^{2+}，这时就需要额外补充。调查研究表明，在水硬度较高的地区，心血管相关疾病发病率非常低。但长期饮用硬度较高的水，氟斑牙的概率偏高，而且会引起胃肠功能紊乱。生活饮用水国家标准规定硬度不能超过 25mmol·L^{-1}，而最适宜的饮用水硬度在 8～18mmol·L^{-1}，就是说轻度及中度硬水更适合人类饮用。另外，饮用水的口感与硬度相关，多数矿物质水属于中硬度的水，口感更清爽，但是硬度过高的水不适合泡茶、冲咖啡，口感寡淡的软水更适合，这样不会影响口感。

实验十五　氯化钡中结晶水含量的测定

一、实验目标

知识目标：

1. 掌握重量法测定水分的原理和方法。
2. 掌握分析天平的使用方法。

能力目标：

1. 能够准确判断是否恒重。
2. 能够利用重量法测定结晶水含量。

素质目标：

1. 要求有严谨细致的学习态度。
2. 培养学生分析问题、解决问题的能力。

二、实验原理

二水合氯化钡，化学式为 $BaCl_2·2H_2O$，可用作杀虫剂，在农业上用于防治多种植物害虫；除此以外，在工业中也用于制备颜料；纺织工业和皮革工业中还用作媒染剂和人造丝消光剂。二水合氯化钡中，结晶水的蒸气压在 20℃时为 170Pa，在 35℃时为 1570Pa。因此，在通常条件下二水合氯化钡稳定性很好，很难自动脱水。

二水合氯化钡在 113℃时会失去结晶水,生成无水氯化钡。无水氯化钡不挥发,也不易变质,因此在实验中,干燥温度一般选择高于 113℃。

$$BaCl_2 \cdot 2H_2O \xrightarrow{\triangle} BaCl_2 + 2H_2O \uparrow$$

$BaCl_2 \cdot 2H_2O$ 中理论结晶水含量的计算为:

$$w(结晶水) = \frac{2M(H_2O)}{M(BaCl_2 \cdot 2H_2O)} \times 100\% = \frac{2 \times 18.05}{244.27} \times 100\% = 14.75\%$$

本实验采用重量法,根据 $BaCl_2 \cdot 2H_2O$ 干燥前后质量的变化即可计算出样品结晶水的含量,计算公式如下:

$$w(结晶水) = \frac{m_1 - m_2}{m(样品)} \times 100\%$$

式中　m_1——烘干前称量瓶与二水合氯化钡的质量,g;

　　　m_2——烘干后称量瓶与无水氯化钡的质量,g;

m(样品)——二水合氯化钡的质量(m_1 的质量减去称量瓶的质量),g。

三、实验准备

仪器:电子天平、扁形称量瓶、烘箱、干燥器等。

试剂:二水合氯化钡。

四、实验步骤

1. 试样的称取

取称量瓶 3 只,洗净后置于烘箱中,于 125℃烘干 1.5~2h,取出放于干燥器中冷却至室温 ⇒ 称重并记录质量。再将称量瓶放于烘箱中,重复之前步骤,直至称量瓶恒重

⇒ 精确称取试样 1.2~1.3g 三份,分别置于称量瓶中。盖好盖子,再准确称其质量 ⇒ 称量所得质量减去原称量瓶的质量,可得二水合氯化钡的质量

2. 结晶水含量的测定

将盛有试样的称量瓶放入烘箱中，于 125℃ 烘干 1.5～2h，取出放于干燥器中冷却至室温 称重并记录。再将其放于烘箱中烘干 30min，取出放于干燥器中冷却、称重。重复直至恒重

五、数据记录与处理

数据记录与计算 \ 测定序号	1	2	3
$m_{瓶}/g$			
m_1/g			
$m_{样品}/g$			
m_2/g			
$m_{水}/g$			
$w_{结晶水}/\%$			
$\overline{w}_{结晶水}/\%$			
相对平均偏差/%			

六、问题讨论

1. 什么叫恒重？要达到恒重，该如何操作？
2. 在烘干过程中，应注意什么问题？
3. 加热时温度一般要高于 113℃，通常又不能超过 125℃，是何原因？

七、注意事项

1. 一般连续两次干燥的质量差异小于 0.2mg，即可认为恒重。
2. 称量时要盖好盖子，以免样品在称量过程中吸湿，影响测定结果。
3. 在干燥时，切勿将称量瓶盖严，否则冷却后盖子不易打开。

第六章
仪器分析实验

实验一　氟离子选择性电极测定水中氟含量

一、实验目标

知识目标：
1. 掌握直接电位法的测定原理。
2. 了解使用总离子强度调节缓冲剂（TISAB）的意义。

能力目标：
1. 学会离子选择性电极和离子计的使用。
2. 学会绘制标准曲线，并利用标准曲线计算有关物质的含量。

素质目标：
1. 要求有严谨细致的学习态度。
2. 培养学生分析问题、解决问题的能力。

二、实验原理

氟离子选择性电极（简称氟电极），以氟化镧单晶片为敏感膜，对溶液中氟离子有选择性响应。将氟电极、饱和甘汞电极（SCE）和待测试液组成原电池，其电动势ε与F⁻活度的对数有线性关系。

若在标准溶液和待测溶液中加适量惰性电解质作为总离子强度调节缓冲剂（TISAB），使离子强度保持不变，则电动势ε与F⁻浓度的对数有线性关系。以电动势ε与F⁻浓度的对数作图，即为标准曲线，已知水样ε值，通过标准曲线可求得水中氟的含量。

TISAB是由NaCl、HAc-NaAc和柠檬酸钠组成，NaCl作用是调节溶液离子强度，HAc-NaAc是缓冲剂，控制溶液pH为5.0～5.5，柠檬酸钠为掩蔽剂，消除Al^{3+}、Fe^{3+}、Th^{4+}等的干扰。

饮用水中氟含量高低，对人健康有影响：氟含量太低，易得龋齿，过高则会发生氟中毒，适宜含量为$0.5～1mg \cdot L^{-1}$。

三、实验准备

仪器：pH-3型精密离子计、电磁搅拌器、氟离子选择性电极、饱和甘汞电极（SCE）、容量瓶（50mL，6个）、移液管（25mL）、吸量管（5mL，2支）、塑料烧杯（50mL，6个）、烧杯（50mL，1个）。

试剂：含F⁻水样、$0.100mol \cdot L^{-1}$ F⁻标准溶液、总离子强度调节缓冲剂（TISAB）、纯化水。

四、实验步骤

1. 仪器预热

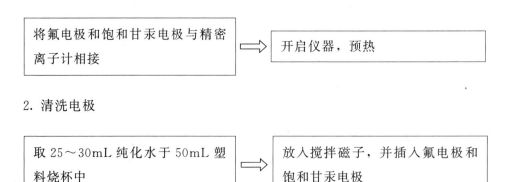

2. 清洗电极

⇨ 开启搅拌器，使之保持较慢而稳定的转速（注意在整个实验过程中，保持该转速不变） ⇨ 观察精密离子计示值至稳定，即为空白电动势

3. 标准溶液的配制

精密量取 5mL 0.100mol·L^{-1} NaF 标准溶液和 5mL TISAB 于 50mL 容量瓶中 ⇨ 加纯化水稀释至刻度，得到 10^{-2} mol·L^{-1} NaF 标准溶液

⇨ 用逐级稀释法分别配制 10^{-3}、10^{-4}、10^{-5} 和 10^{-6} mol·L^{-1} NaF 标准溶液（逐级稀释时，分别加 4.5mL TISAB）

4. 标准溶液电动势 ε 的测定

将标准溶液分别置于 4 个洁净干燥的塑料烧杯中 ⇨ 放入搅拌子，插入氟离子选择电极和饱和甘汞电极

⇨ 开启搅拌器，待读数稳定 2min 后，读取电动势 ε（注意测定次序由稀到浓，每测量一份试液，无须清洗电极，用滤纸吸干即可）

5. 水样电动势 ε 的测定

按步骤 2 用去离子水浸洗电极，使空白电动势值与测定前相同 ⇨ 取 25mL 水样于 50mL 容量瓶中，加 5mL TISAB，用纯化水稀释，定容

⇨ 置于洁净干燥的塑料烧杯中，放入搅拌子 ⇨ 插入氟离子选择电极和饱和甘汞电极

⇨ 开启搅拌器，电动势稳定后，读出待测液电动势 ε

五、数据记录与处理

标准曲线的绘制：

项目	1	2	3	4	5	水样
c	10^{-2} mol·L^{-1}	10^{-3} mol·L^{-1}	10^{-4} mol·L^{-1}	10^{-5} mol·L^{-1}	10^{-6} mol·L^{-1}	
ε						

(1) 以 F$^-$ 浓度的对数 lg$c$ 为横坐标，电动势 ε 为纵坐标，在坐标纸上绘制标准曲线。也可将 lg$c$ 和相应的电动势 ε 输入 Excel 中绘制。

标准曲线及线性相关系数：

(2) 根据水样测得的电动势 ε，在标准曲线上查到其对应的浓度，乘以稀释倍数，计算水样中氟离子含量（以 mol·L^{-1} 为单位），判断水样是否符合饮用标准。

六、问题讨论

1. 为什么要加入总离子强度调节缓冲剂（TISAB）？
2. 精密离子计、氟电极在使用时应注意哪些问题？

七、注意事项

1. 安装电极时，参比电极应略低于氟电极，以保护电极敏感膜。
2. 测量完标准溶液系列之后，应将电极在纯化水中清洗，使空白电动势值与测定前相同，再测定样品溶液。
3. 在测定过程中，若需更换溶液，则"测量"键必须处于断开位置，以免损坏离子计。
4. 测定过程中，搅拌溶液的速度应恒定。

> **知识链接**
>
> 直接电位法主要测定溶液酸度和离子活度（或浓度），表 6-1 列举了常用实例。
>
> 表 6-1 直接电位法应用实例
>
> | 待测离子 | 指示电极 | 线性浓度范围 /(mol·L^{-1}) | 适宜 pH 范围 | 应用实例 |
> |---|---|---|---|---|
> | H$^+$ | pH 玻璃电极 | $10^{-14} \sim 10^{-1}$ | 1～14 | 各种酸度 |
> | Na$^+$ | 钠微电极 | $10^{-3} \sim 10^{-1}$ | 4～9 | 血清 |
> | K$^+$ | 钾微电极 | $10^{-4} \sim 10^{-1}$ | 3～10 | 血清 |
> | Ca^{2+} | 钙微电极 | $10^{-7} \sim 10^{-1}$ | 4～10 | 血清 |
> | F$^-$ | 氟电极 | $10^{-7} \sim 5 \times 10^{-7}$ | 5～8 | 水、牙膏、矿物质 |
> | Cl$^-$ | 氯电极 | $5 \times 10^{-8} \sim 10^{-2}$ | 2～11 | 水 |
> | CN$^-$ | 氰电极 | $10^{-6} \sim 10^{-2}$ | 11～13 | 废水、废渣 |
> | NO$_3^-$ | 硝酸银电极 | $10^{-5} \sim 10^{-1}$ | 3～10 | 水 |
> | NH$_3$ | 氨气敏电极 | $10^{-6} \sim 1$ | 11～13 | 废水、废气、土壤 |

实验二　邻二氮菲分光光度法测定水中的微量铁

一、实验目标

知识目标：

1. 熟悉吸量管、容量瓶的使用和容量瓶的定容操作。

2. 熟悉紫外-可见分光光度计的使用。

3. 掌握紫外-可见分光光度法的原理和定性定量方法。

能力目标：

1. 学会使用紫外-可见分光光度计，绘制吸收曲线和标准曲线，测定水中微量铁。

2. 学会应用计算机处理实验数据。

素质目标：

1. 培养良好的团队协作能力、学会协调人际关系。

2. 让学生通过数形结合思想，学会分析图像，训练逻辑思维能力、自我分析反思能力。

二、实验原理

数字资源6-1
邻二氮菲分光光度法
测定水中的微量铁

邻二氮菲（又称邻菲咯啉）是目前分光光度法测定微量铁时较好的显色剂之一。在 pH 值为 2～9 的溶液中，邻二氮菲与 Fe^{2+} 反应生成稳定橙红色配合物，颜色深度与酸度无关。该反应中铁必须是亚铁状态，如果存在 Fe^{3+}，则先用盐酸羟胺将 Fe^{3+} 还原为 Fe^{2+}。反应式如下：

$$2Fe^{3+} + 2NH_2OH \cdot HCl == 2Fe^{2+} + 4H^+ + N_2\uparrow + 2H_2O + 2Cl^-$$

此反应很灵敏，该配合物最大吸收波长为 508～510nm，摩尔吸光系数 $\varepsilon_{510} = 1.1 \times 10^4 L \cdot mol^{-1} \cdot cm^{-1}$。铁含量在 $0.1～8\mu g \cdot mL^{-1}$ 范围内遵守比尔定律。在最大吸收波长处，测定橙红色配合物的吸光度，根据比尔定律，测定铁含量。

三、实验准备

仪器：紫外-可见分光光度计、容量瓶（50mL、100mL）、吸量管（1mL、2mL、5mL、10mL，各1支）、量筒（10mL）、镜头纸。

试剂：盐酸羟胺水溶液（10%，现用配制）、邻二氮菲水溶液（0.15%，现用配制）、NaAc（$1mol \cdot L^{-1}$）、铁标准溶液（$100\mu g \cdot mL^{-1}$）[准确称取 0.8634g $NH_4Fe(SO_4)_2 \cdot 12H_2O$，置于烧杯中，加入 20mL $6mol \cdot L^{-1}$ HCl 溶液和适量纯化水，溶解后，定量转移至 1000mL 容量瓶中，加纯化水稀释至刻

度，摇匀备用]、纯化水。

四、实验步骤

1. $10\mu g \cdot mL^{-1}$ 铁标准溶液的配制

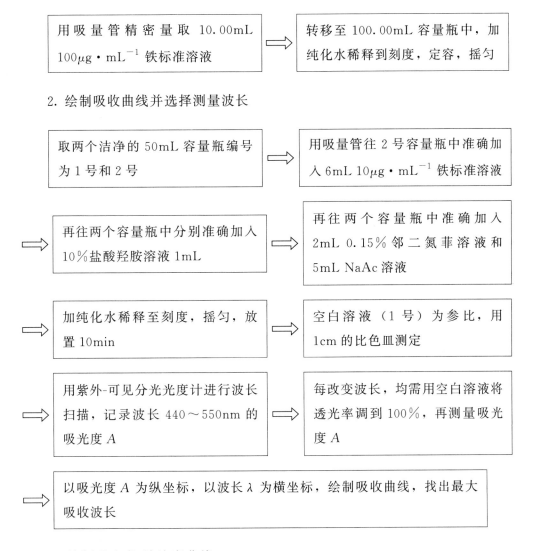

2. 绘制吸收曲线并选择测量波长

3. 绘制吸光度-铁浓度曲线

（1）配制标准系列显色溶液和待测试样显色溶液

分别用吸量管精密量取 $10\mu g \cdot mL^{-1}$ 铁标准溶液 0.00、2.00、4.00、6.00、8.00、10.00mL 于 1～6 号 50mL 容量瓶中，并用吸量管精密量取待测试样溶液 5.00mL 于 7 号 50mL 容量瓶中（见表6-2）。

表 6-2 标准溶液及待测试样溶液

编号	10μg·mL^{-1} 铁标准溶液/mL	盐酸羟胺溶液/mL	邻二氮菲溶液/mL	NaAc 溶液/mL	A	Fe^{2+} 浓度/(μg·mL^{-1})
1	0.00	1.00	2.00	5.00		
2	2.00	1.00	2.00	5.00		
3	4.00	1.00	2.00	5.00		
4	6.00	1.00	2.00	5.00		
5	8.00	1.00	2.00	5.00		
6	10.00	1.00	2.00	5.00		
7（待测试样）	5.00	1.00	2.00	5.00		

依次分别准确加入 1mL 10%盐酸羟胺溶液、2mL 0.15%邻二氮菲溶液和 5mL NaAc 溶液。注意：每加一种试剂后，摇匀，再加另一种试剂。最后用纯化水稀释到刻度，摇匀。放置 10min。

（2）绘制标准曲线

在选定的波长下，选用 1cm 比色皿，用不含铁的试剂空白溶液作参比溶液 ⇒ 测量各标准系列显色溶液（1~6 号）的吸光度 A

⇒ 以吸光度 A 为纵坐标，Fe^{2+} 浓度（μg·mL^{-1}）为横坐标，绘制标准曲线，得出线性回归方程式

4. 测定待测试样中含铁量

在选定的波长下，选用 1cm 比色皿，用不含铁的试剂空白溶液作参比溶液 ⇒ 测量待测试样显色溶液（7 号）的吸光度

⇒ 通过线性回归方程式，求出试样中的含铁量（μg·mL^{-1}）

五、数据记录与处理

1. 吸收曲线的绘制

标准溶液浓度：_____

记录不同波长及相应吸光度，绘制吸收曲线，并确定最大吸收波长。

λ/nm	A	λ/nm	A	λ/nm	A
440		496		512	
450		498		514	
460		500		516	
470		502		518	
480		504		520	
490		506		525	
492		508		530	
494		510		540	

波长扫描曲线可在 Excel 表中完成。

最大吸收波长 λ_{max} = _____ nm

2. 未知试样的定量测量

（1）标准曲线的绘制

测量波长：_____　　　标准溶液原始浓度：_____

容量瓶编号	标准溶液体积/mL	$c\ /(\mu g \cdot mL^{-1})$	A
1	0.00		
2	2.00		

续表

容量瓶编号	标准溶液体积/mL	c /(μg·mL^{-1})	A
3	4.00		
4	6.00		
5	8.00		
6	10.00		

标准曲线可在 Excel 表中完成。

标准曲线的线性回归方程和相关系数：_____

（2）水样中含铁量的测定

项目	1	2
水样浓度/(μg·mL^{-1})		
平均值/(μg·mL^{-1})		

六、问题讨论

1. 在测绘标准曲线和测定试样时，参比溶液选择什么？用纯化水可以吗？

2. 实验中盐酸羟胺、乙酸钠的作用是什么？若用氢氧化钠代替乙酸钠，有什么缺点？

3. 通过相关系数，如何评价吸光度与浓度的线性关系好坏？分析其原因。

七、注意事项

1. 遵守平行原则（加试剂的量、顺序、时间等应一致）。

2. 待测试样应完全透明，如果有浑浊，应预先过滤。

知识链接

绘图步骤

1. 将表格中的数据输入 Excel 表中，横坐标的数据输入一列，纵坐标的数据输入一列。

2. 将所有数据选中，然后选择"格式"中"插入"中的"图表"，选中"散点图"后选择"子图标类型"，点击"平滑散点图"，再点击"下一步"，填写"图表标题""X 轴""Y 轴"，点击"下一步"，点击"完成"，然后清除网络线，完成图的绘制。

3. 对于标准曲线，要求绘制出回归曲线，先按右键，选趋势线格式，在显示公式和显示 R 平方值（直线相关系数）前点一下，勾上，再点确定。

4. 数据要求：应列出回归方程、相关系数和线性图。

UV 法：吸光度 A 一般在 0.2～0.8，浓度点 $n=5$。用浓度 c 对 A 作线性回归处理得一直线方程，R 应达到 0.9999（$n=5$），方程的截距应接近于零。

实验三　紫外分光光度法鉴别和测定维生素 B_{12} 注射液

一、实验目标

知识目标：

1. 掌握吸收曲线的绘制方法，用紫外分光光度法进行定性鉴别、定量分析。

2. 熟悉紫外-可见分光光度计的使用。

能力目标：

1. 能够用分光光度法进行定性鉴别、定量分析。

2. 学会紫外-可见分光光度计的使用。

素质目标：

1. 培养良好的团队精神。
2. 培养学生分析问题、解决问题的能力。

二、实验原理

维生素 B_{12} 注射液为粉红色至红色的透明液体，有多种规格（如 $0.25mg \cdot mL^{-1}$、$0.5mg \cdot mL^{-1}$ 等），主要成分维生素 B_{12} 是一种含钴的卟啉类化合物，其水溶液在 (278 ± 1) nm、(361 ± 1) nm 与 (550 ± 1) nm 波长处有最大吸收峰。《中国药典》规定，A_{361nm}/A_{550nm} 在 3.15~3.45 范围内，可作为定性鉴别的依据，其中 361nm 波长处的吸收峰干扰因素少，吸收强，因此用吸收系数法 $[E_{1cm(值)}^{1\%}(361nm)=207]$ 可测定注射液中维生素 B_{12} 相对于标示量的百分含量。计算公式如下：

$$c = \frac{A}{207} \times 10^4 = A \times 48.31 \ (\mu g \cdot mL^{-1})$$

式中，A 为 361nm 处测得的维生素 B_{12} 试样溶液的吸光度。

$$w = \frac{c \times 10^{-3} \times D}{\text{标示量}} \times 100\%$$

式中，w 为相对于标示量的百分含量，D 为样品溶液的稀释倍数。

三、实验准备

仪器：紫外-可见分光光度计、石英比色皿、移液管（10mL）、容量瓶（100mL）。

试剂：维生素 B_{12} 注射液（标示量 $0.5mg \cdot mL^{-1}$）、纯化水。

四、实验步骤

1. 制备试样溶液

精密量取维生素 B_{12} 注射液 5.00mL 于 100mL 容量瓶中		加纯化水至刻度，摇匀，制得试样溶液备用

2. 绘制吸收曲线

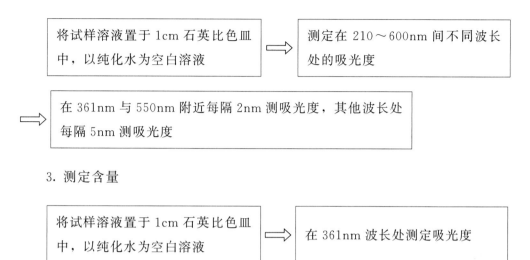

3. 测定含量

五、数据记录与处理

1. 吸收曲线绘制：以波长为横坐标、吸光度为纵坐标，绘制试样溶液的吸收曲线。

2. 定性鉴别：根据测定的 A_{361nm}、A_{550nm} 值计算 A_{361nm}/A_{550nm}，并与《中国药典》规定的范围进行比较，对维生素 B_{12} 进行定性鉴别。

3. 定量分析：以吸收系数法进行含量计算。

$A_{361nm}=$ _____ , $w=$ _____ 。

六、问题讨论

1. 紫外-可见分光光度法有哪几种定量分析方法？
2. 吸收系数法的适用范围是什么？

七、注意事项

1. 《中国药典》规定，维生素 B_{12} 注射液的正常含量应为标示量的 90.0%～110%。

2. 比色皿的光学面必须清洁干净，不能用手触摸，只能用擦镜纸擦拭。

3. 本实验的操作过程应避光进行。

4. 维生素 B_{12} 注射液有不同规格,稀释倍数根据实际含量而定。

实验四　红外分光光度法鉴别维生素 C

一、实验目标

知识目标:

1. 掌握红外分光光度计的基本操作。
2. 熟悉红外分光光度法的基本原理。
3. 了解红外分光光度法在物质鉴别方面的应用。

能力目标:

1. 学会红外分光光度计的操作方法。
2. 能通过红外分光光度法对物质进行鉴别。

素质目标:

1. 培养良好的团队精神。
2. 让学生通过分析图像,交流讨论,发散思维,训练逻辑思维能力。

二、实验原理

红外吸收光谱是因为分子的振动-转动能级跃迁对光的吸收产生的,吸收峰的数目多,峰形一般较窄,特征性很强,基团的振动频率与该分子组成基团的分子量、化学键类型、分子的几何构型都有关系,致使不同物质的红外吸收光谱中的吸收峰的位置和形状、大小都不同。实验中,通常根据特征的吸收峰进行定量、定性及分子结构分析。

本实验就是通过绘制维生素 C 的红外吸收光谱,再根据红外吸收光谱上吸收峰的位置、峰的强弱、峰的形状、峰的数目来判断分子中存在的基团及基团的相对位置,与标准谱图进行比较,从而对分子的结构进行鉴别。

三、实验准备

仪器：红外光谱仪、电子天平、玛瑙研钵、压片模具、压片机、干燥器。
试剂：维生素 C（原料药）、溴化钾（光谱纯）。

四、实验步骤

1. 制样（溴化钾压片法）

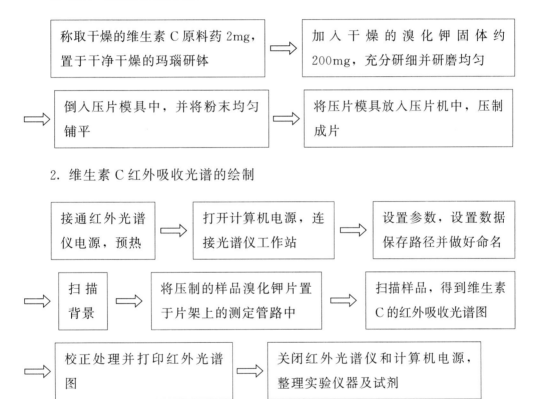

2. 维生素 C 红外吸收光谱的绘制

五、红外光谱图的处理

1. 将实验中绘制的维生素 C 原料药的红外吸收光谱图与《药品红外光谱集》中的标准谱图进行对照。判断吸收峰的位置、峰的强弱、峰的形状、峰的数目与标准谱图是否一致，判断测定样品是否为维生素 C。

2. 结合理论知识，解析所得的维生素 C 原料药的红外吸收光谱图，从谱图中找出主要基团对应的吸收峰。

六、问题讨论

1. 同物质的液体或者固体红外吸收光谱是否有区别？
2. 红外光谱仪和紫外-可见分光光度计在结构、部件上有什么差别？
3. 测定红外吸收光谱时，对样品有什么要求？

七、注意事项

1. 样品研磨时要避免样品吸收水分，通常可以在能控制湿度的空间或者红外加热灯下面操作。

2. 压片制样要均匀，溴化钾和样品不宜过多，否则透光率低。

3. 压片制样时，加压抽气时间不宜过长，真空要缓慢去除，否则容易造成压片破裂。

4. 可参照《中国药典》的规定设定扫描速度，一般基线应控制在90％透光率以上，最强吸收峰的透光率在10％左右。

> **知识链接**
>
> 1. 若使用不同型号的红外光谱仪，应用该仪器绘制聚苯乙烯红外光谱图，用来检查仪器的分辨率是否满足要求，分辨率高的仪器在 3100~2800cm^{-1} 区间能分出 7 个碳氢伸缩振动的吸收峰。
>
> 2. 维生素 C 标准谱图参照图 6-1:
>
>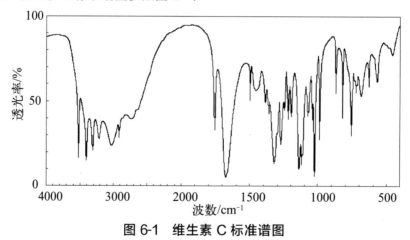
>
> **图 6-1 维生素 C 标准谱图**

实验五　薄层色谱法鉴别维生素 C

一、实验目标

知识目标：

1. 掌握利用薄层色谱法鉴别维生素 C。
2. 了解薄层色谱法的基本原理。

能力目标：

1. 能正确制备薄层板，能熟练利用薄层色谱法鉴别药品。
2. 能正确选择展开剂。

素质目标：

1. 培养严谨求实的工作作风。
2. 培养学生分析问题、解决问题的能力。

二、实验原理

薄层色谱法（TLC）是将固定相均匀地铺在干净、光洁的玻璃板、铝箔或塑料板上，形成薄层，然后在薄层上进行分离的一种方法。TLC 法具有设备简单、操作方便、分离速度快及应用范围广等特点。薄层色谱法可以用于鉴别药物。采用与待测样品（供试品）同浓度的对照品（或标准）溶液，在同一块薄层板上点样、展开与检视。待测样品溶液所显示主斑点的位置（R_f）与颜色（或荧光）与对照品溶液的主斑点一致，而且主斑点的大小、颜色的深浅应大致相同。根据吸附薄层色谱法的原理对维生素 C 进行鉴别，采用硅胶 GF_{254} 做吸附剂、乙酸乙酯-乙醇-纯化水（5∶4∶1）做展开剂，在 254nm 紫外灯下观察维生素 C 样品和对照品的斑点位置和颜色。

三、实验准备

仪器：展开缸、自制或市售薄层板、玻璃板（10cm×10cm）、三用紫外分析仪、毛细管、研钵、药匙、天平、量筒、烘箱等。

试剂：硅胶 GF_{254}、1.0% CMC-Na 水溶液、乙酸乙酯、乙醇、纯化水。

样品：维生素 C。

四、实验步骤

1. TLC 板的制备

| 准备好洗净并干燥的玻璃板；取一定量的硅胶（约取 2～3g）加入适量水（或 1.0% CMC-Na 液），比例 1∶3 | ⇨ | 在研钵中按同一方向研磨混匀，去除气泡。将硅胶匀浆快速均匀地涂布在准备好的玻璃板 |

| ⇨ | 铺成厚度约 0.2～0.3mm 的均匀薄层。铺好后平放，室温晾干 | ⇨ | 将板置于 110℃ 烘箱中，活化 1h，冷却，置于干燥器中备用。市售薄层板使用前也同法处理 |

2. 溶液配制

| 待测溶液配制：取适量维生素 C 于小烧杯中，用水溶解制成 $1mg \cdot mL^{-1}$ 溶液 | ⇨ | 对照品溶液配制：取适量维生素 C 对照品于小烧杯中，用水溶解制成 $1mg \cdot mL^{-1}$ 溶液 |

3. 点样和展开

| 距薄板底边 1.5cm 处用点样管分别点待测及对照品溶液，间距大于 2cm，斑点直径不超过 3mm | ⇨ | 待溶剂挥发完毕，将板置于盛有 10mL 展开剂的展开缸中饱和 10～15min，再将点有样品的一端浸入展开剂 0.3～0.5cm，展开 |

| ⇨ | 待展开剂移至距顶端 1～2cm 处，取出薄层板，用铅笔画出溶剂前沿，待展开剂挥发后置于紫外分析仪中观察 | ⇨ | 标出斑点位置、外形。记录现象并通过比较，判断实验结果 |

五、数据记录与处理

数据记录：

项目	基线至溶剂前沿距离（c）	基线至样品斑点中心距离（a）	基线至对照品中心距离（b）
测量值			
结果计算	(1) $R_{f(A)} = a/c =$ (2) $R_{f(B)} = b/c =$		
结果判断			

六、问题讨论

1. 若在展开时，点样点浸入展开剂中，对实验结果有何影响？
2. 铺板时，若板厚度不均匀或板面上存在气泡，对实验有何影响？
3. 展开缸和薄层板若在使用前未用展开剂蒸气饱和，对实验结果有何影响？
4. 薄层色谱法常用的吸附剂有哪些？其适用范围是什么？

七、注意事项

1. 展开剂选择的一般原则是：极性大的组分用极性大的展开剂，极性小的组分用极性小的展开剂。当单一溶剂展开的效果不好时，可采用混合溶剂来展开。
2. 薄层板使用前应检查其表面均匀度，表面应均匀、平整、光滑、无麻点、无气泡、无破损及污染。
3. 样品和对照品用点样器（毛细管）不能混匀。
4. 点样和画基线时切勿损坏薄层表面。
5. 实验结束后，展开剂须统一处理，不可直接倒入水槽。

实验六　气相色谱法测定维生素 E 的含量

一、实验目标

知识目标：
1. 掌握气相色谱法测定维生素 E 的色谱条件的选择。
2. 熟悉基于校正因子的内标一点法的定量分析方法。

能力目标：
1. 学会气相色谱法的操作方法。
2. 正确使用移液管、容量瓶。

素质目标：
1. 培养良好的团队精神。
2. 培养学生分析问题、解决问题的能力。

二、实验原理

内标法：精密称（量）取对照品和内标物质，分别配成溶液，各精密量取适量溶液，混合配成校正因子测定用的对照溶液。取一定量溶液进样，记录色谱图。测量对照品和内标物质的峰面积或峰高，按下式计算校正因子 f：

$$f = \frac{A_s/c_s}{A_R/c_R}$$

式中，A_s 表示内标物的峰面积或峰高；A_R 表示对照品的峰面积或峰高；c_s 表示内标物的浓度；c_R 表示对照品的浓度。

再取一定量含内标物的样品溶液，进样，记录色谱图，测量样品中待测组分和内标物的峰面积或峰高，按下式计算含量 c_s：

$$c_s = \frac{f \times A_x}{A'_s/c'_s}$$

式中，f 表示内标法校正因子；A_x 表示样品中待测组分的峰面积或峰高；

A'_s 表示内标物的峰面积或峰高；c'_s 表示内标物的浓度。

内标法的特点是结果准确，只须内标物和被测组分在选定色谱条件下出峰，且在线性范围内即可，可抵消仪器稳定性差、进样量不准确等原因引起的定量分析误差。

三、实验准备

仪器：气相色谱仪、分析天平、棕色容量瓶、微量注射器（$1\mu L$）。
试剂：维生素 E 样品及对照品、正三十二烷、正己烷。

四、实验步骤

1. 色谱条件与系统适用性实验

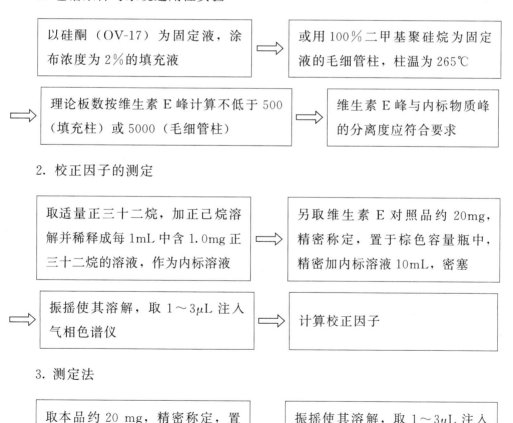

2. 校正因子的测定

3. 测定法

4. 含量要求

| 计算结果 | ⇒ | 本品含维生素 E（$C_{31}H_{52}O_3$）应为 96.0%～102.0% |

五、数据记录与处理

数据记录：

(1) 系统适用性实验数据

项目	1	2	3	4	5	平均值	RSD/%
t_R							
A							
R							
T_R							
N							

(2) 校正因子

项目		测定次数	t_R	A_s	A_R	c_s	c_R	f 计算
校正因子	第一份	1						
	第二份	2						

(3) 含量测定

项目		测定次数	t_R	A_x	A'_s	c'_s	c_s	含量计算及结论
含量测定	第一份	1						
	第二份	2						

六、问题讨论

什么是内标法？对内标物有何要求？

七、注意事项

1. 在使用微量注射器时，要注意不要将针芯拉出针筒之外。
2. 吸取待测溶液后，注射器应用乙醇反复清洗，以免堵塞针眼。
3. FID 主要用于含碳有机物的检测，待测液中的水分属于该类检测器不敏感物质，因此，在色谱图中观察不到水峰的存在。
4. 没有合适的内标物时，可以待测组分的纯物质为内标物，即为标准加入法。

实验七　高效液相色谱法测定阿司匹林肠溶片中的阿司匹林含量

一、实验目标

知识目标：
1. 掌握外标法的定量计算方法。
2. 熟悉高效液相色谱仪的基本操作。
3. 了解高效液相色谱仪的构造及工作原理。

能力目标：
1. 学会高效液相色谱仪的操作方法。
2. 能根据测定要求正确选择和设置分析参数。

素质目标：
1. 培养良好的团队精神。

2. 培养严谨求实的工作作风。

二、实验原理

阿司匹林肠溶片中含有辅料、水杨酸、醋酸等杂质，可采用反相高效液相色谱法分离阿司匹林与其他干扰组分。供试品经1%冰醋酸甲醇溶液溶解过滤后注入液相色谱仪，经色谱柱分离，用紫外检测器检测，测定波长为276nm。根据保留时间和峰面积进行定性和定量分析，定量采用外标法。

外标法是用待测组分的纯品做对照品，对对照品和试样中待测组分的响应信号进行比较后再进行定量分析的方法。即按各品种项下的规定，精密称（量）取对照品和供试品，配制成溶液，分别精密量取一定量溶液，进样，记录色谱图，测量对照品溶液和供试品溶液中待测物质的峰面积（或峰高），按下式计算含量：

$$c_x = \frac{A_x c_R}{A_R}$$

式中，c_x、A_x 分别代表供试品溶液中待测组分的浓度及峰面积；c_R、A_R 分别代表对照品溶液的浓度和峰面积。

三、实验准备

仪器：高效液相色谱仪、电子天平、容量瓶、进样针、滤膜、一次性注射器。

试剂：阿司匹林肠溶片、阿司匹林对照品、水杨酸对照品、乙腈（色谱用）、四氢呋喃（色谱用）、甲醇（色谱用）、冰醋酸。

四、实验步骤

1. 色谱条件与系统适用性实验

| 用十八烷基硅烷键合硅胶为填充剂 | ⇒ | 以乙腈-四氢呋喃-冰醋酸-水（20∶5∶5∶70）为流动相 |

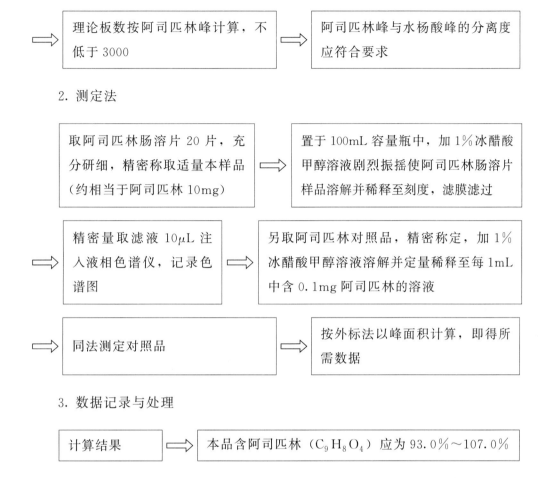

3. 数据记录与处理

五、数据记录与处理

测定对象	测定次数		保留时间 (t_R)	峰面积 (A)	峰面积均值 ($\bar{A}$)	含量计算及结论
对照品溶液	第一份	1				
	第二份	2				
供试品溶液	第一份	1				
	第二份	2				

六、问题讨论

1. 流动相和供试品溶液使用前为什么要过滤、脱气？
2. 供试品和对照品的进样量是否应严格一致？为什么？
3. 供试品溶液和对照品溶液配制好后是否可以直接进样？

七、注意事项

1. 流动相在使用前要进行脱气。如果流动相中含有气体，在高压下会产生气泡，对样品分离产生影响。
2. 进样时要防止气泡带入。
3. 手动进样时，进样针必须用待取溶液清洗 3 遍以上。
4. 供试品溶液和对照品溶液的准确配制是实验结果准确的关键。
5. 实验中应详细记录所用仪器、试剂及实验数据等信息。

第七章
综合性及设计性实验

　　党的二十大报告指出，必须坚持科技是第一生产力、人才是第一资源、创新是第一动力，深入实施科教兴国战略、人才强国战略、创新驱动发展战略，开辟发展新领域新赛道，不断塑造发展新动能新优势。综合性及设计性实验是在学生学习和掌握了化学实验基本知识、基本理论、基本方法和基本操作技能的基础上，为培养和提高学生查阅文献能力、独立思维能力、独立实验能力、解决问题能力和创新能力而设置的。综合性及设计性实验的具体步骤如下：

　　① 学生通过查阅有关资料，对实验的内容、研究方法、仪器药品等认真调查研究。

　　② 结合资料和实验室条件（仪器、设备、药品等）选择合理的实验方法和检测手段，运用所学知识设计合理的实验方案并提交给教师审查，经指导教师审阅同意后方可进行实验。

　　③ 实验方案应包括实验目的、方法原理、仪器、试剂（规格、用量及配制方法）、实验步骤（详细的操作过程、试样取样、试样用量、数据记录表格和计算公式）、操作注意事项等。

　　④ 学生在实验过程中操作要规范，应仔细观察实验现象，认真记录实验数据。遇到问题，首先要查阅资料，同学之间进行讨论并尝试自行解决，无法自行解决时再请指导教师协助解决。

　　⑤ 实验结果要经指导教师审阅合格后，方可结束实验，退还仪器、药品等实验用品，整理好实验室。

　　⑥ 总结自己设计方案的优缺点，提出改进意见，并写出实验报告或研究报告。

实验一　乳酸钙的制备和含量测定
（综合性实验）

一、任务目标

知识目标：
1. 掌握乳酸钙制备的原理和方法。
2. 掌握配位滴定法测定乳酸钙中 Ca^{2+} 含量的原理和方法。
3. 熟悉蒸发浓缩、结晶、减压过滤和烘干等操作。

能力目标：
1. 能够正确进行滴定操作。
2. 学会蒸发浓缩、结晶、减压过滤和烘干等操作。
3. 学会配位滴定法测定乳酸钙中 Ca^{2+} 含量的原理和方法。

素质目标：
1. 要求有严谨求实的学习态度。
2. 要求勤于思考、勤于实践，积极主动完成实验。

数字资源7-1
乳酸钙的制备和测定

二、实验原理

长期以来作为废弃物丢弃的鸡蛋壳，是一种非常有利用价值的资源。蛋壳中的碳酸钙含量高达93%，可作为优质绿色的钙源制备有机酸钙。乳酸钙是一类重要的补钙剂，临床用于防治钙缺乏症，由于其口感好、生物利用率较高等特点，广泛应用于乳制品、饮料、保健品、食品添加剂等领域。

目前文献报道的以蛋壳为钙源合成乳酸钙的化学方法主要分为直接中和法和间接中和法（图7-1）。直接中和法是由蛋壳中的 $CaCO_3$ 直接与乳酸发生酸碱中和反应生成乳酸钙；间接法主要指通过高温煅烧，将蛋壳的主要成分 $CaCO_3$ 转化成 CaO，然后 CaO 与 H_2O 反应生成强碱 $Ca(OH)_2$，接着由 $Ca(OH)_2$ 与乳酸发生酸碱中和反应得到乳酸钙。

直接中和法：

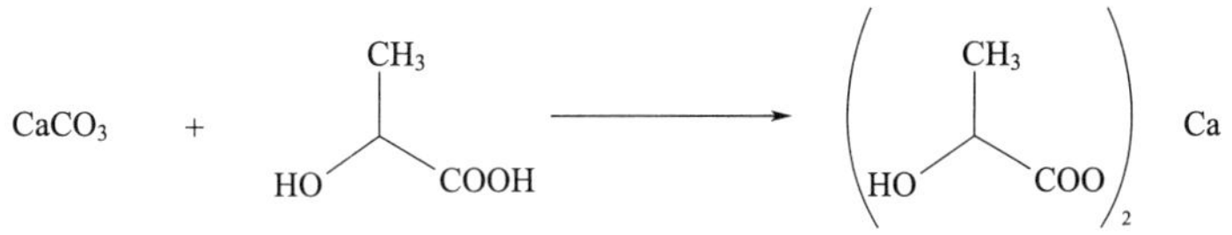

$$CaCO_3 + \underset{HO\ \ \ \ COOH}{\overset{CH_3}{CH}} \longrightarrow \left(\underset{HO\ \ \ \ COO}{\overset{CH_3}{CH}}\right)_2 Ca$$

间接中和法：

(1) $CaCO_3 \longrightarrow CaO \xrightarrow{H_2O} Ca(OH)_2$

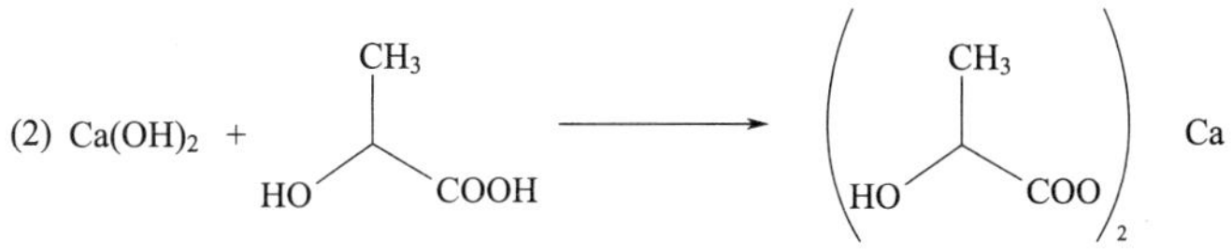

(2) $Ca(OH)_2 + \underset{HO\ \ \ \ COOH}{\overset{CH_3}{CH}} \longrightarrow \left(\underset{HO\ \ \ \ COO}{\overset{CH_3}{CH}}\right)_2 Ca$

图 7-1 化学方法制备乳酸钙的反应原理

配位滴定法是检测乳酸钙中钙含量最常用的方法。乳酸钙可在热水中迅速溶解，并解离成钙离子和乳酸离子，在消除其他离子干扰的前提下，钙离子可迅速与乙二胺四乙酸二钠反应。在 pH＝10～14 的环境下，加入适量钙指示剂，用 EDTA 标准溶液滴定，溶液呈纯蓝色为滴定终点，用滴定消耗的 EDTA 体积和物质的量浓度可求得乳酸钙的含量。

乳酸钙含量计算公式：

$$w(\text{CaL}) = \frac{c(\text{EDTA})[V(\text{EDTA}) - V_0]M(\text{CaL})}{m_s} \times 100\%$$

式中　V_0——空白样消耗 EDTA 标准溶液体积，mL；

$M(\text{CaL})$——乳酸钙摩尔质量，218.2 g·mol^{-1}；

m_s——试样质量，g。

三、实验准备

仪器：电子天平、称量纸、量筒（10mL、100mL）、烧杯（100mL、250mL）、锥形瓶（250mL）、玻璃棒、电炉、试管夹、减压抽滤装置、滴定管等。

试剂：乳酸、蛋壳粉/碳酸钙粉、95％乙醇、0.02mol·L^{-1} EDTA 标准溶液、3mol·L^{-1} 盐酸、6mol·L^{-1} NaOH、钙指示剂纯化水。

四、实验步骤

1. 乳酸钙的制备

2. 乳酸钙的含量测定

- 准确称取乳酸钙样品 0.1000g 置于 250mL 锥形瓶中,用少量纯化水润湿
- 缓慢滴加 2mL 3mol·L^{-1} 盐酸使其溶解至试液完全透明,补加纯化水 50mL
- 用 6mol·L^{-1} 的 NaOH 溶液调节溶液 pH 值在 12~13,加入适量钙指示剂,摇匀
- 用 0.02mol·L^{-1} EDTA 标准溶液滴定,由酒红色恰好变为纯蓝色即为滴定终点
- 平行操作 3 次,同时做空白实验

五、数据记录与处理

1. 乳酸钙的合成：产品外观：_____；产品质量：_____；产率（%）：_____

2. 钙含量的滴定

数据记录与计算 \ 测定序号	1	2	3
$c(EDTA)/(mol \cdot L^{-1})$			
$V(EDTA)$ 初读数/mL			
$V(EDTA)$ 终读数/mL			
$V(EDTA)$ /mL			
w（乳酸钙）			
平均值 $\overline{w}$（乳酸钙）			
相对平均偏差/%			

六、问题讨论

1. 结合本实验的原理与操作，全面分析有可能导致本实验产率偏高和偏低的原因。

2. 配位滴定过程中，需要注意哪些事项？

3. 测定溶液中若含有少量 Fe^{3+}、Cu^{2+} 时，对终点有什么影响？如何消除影响？

七、注意事项

1. 实验中，由于指示剂为固体，在水溶液中有溶解过程，所以加入时应注意用量，依据少量多次加入原则，每加入一次指示剂充分摇匀溶解后观察颜色深浅判断是否足量。平行实验溶液颜色尽量一致。

2. 数据处理应根据有效数字计算保留相应位数。

实验二　NaAc含量的测定（离子交换-酸碱滴定法）（综合性实验）

一、实验目标

知识目标：
1. 熟悉移液管和滴定管的使用。
2. 掌握离子交换法测定乙酸钠的原理和方法。

能力目标：
1. 学会离子交换中的装柱、上样和洗脱等基本操作。
2. 学会树脂的预处理、再生操作等。

素质目标：
1. 要求有严谨求实的学习态度。
2. 要求勤于思考、勤于实践，积极主动完成实验。

二、实验原理

离子交换法是利用离子交换剂与溶液中的离子发生交换反应而使离子分离的方法。离子交换剂的种类很多，主要分为有机离子交换剂和无机离子交换剂两大类。离子交换树脂为有机离子交换剂，是一种交联的高分子聚合物。常用的离子交换树脂是苯乙烯或二乙烯苯的高分子聚合物，由网状结构的骨架和活性基团所组成。根据离子交换树脂中活性基团不同，可分为阳离子交换树脂和阴离子交换树脂等。树脂呈现多孔状或颗粒状，其大小为 0.5~1.0mm。阳离子交换树脂依其交换能力特征可分为：

1. 强酸型阳离子交换树脂：主要含有强酸性的反应基如磺酸基（$-SO_3H$），

此类离子交换树脂可以交换所有的阳离子。

2. 弱酸型阳离子交换树脂：具有较弱的反应基如羧基（—COOH），此类离子交换树脂仅可交换弱碱中的阳离子如 Ca^{2+}、Mg^{2+}，对于强碱中的离子如 Na^+、K^+ 等无法进行交换。

乙酸钠在水溶液中碱性太弱，不能用酸碱滴定法直接滴定。本实验利用强酸型阳离子交换树脂（$R—SO_3H$）与乙酸钠进行交换反应，溶液中 Na^+ 进入树脂网状结构中，树脂由 H 型转换为 Na 型，树脂中 H^+ 经交换后进入溶液，生成乙酸。经洗脱收集，可在水溶液中进行酸碱滴定。以酚酞为指示剂，用 NaOH 标准溶液滴定乙酸。反应过程如下：

$$R—SO_3H + NaAc \rightleftharpoons R—SO_3Na + HAc$$

$$HAc + NaOH = NaAc + H_2O$$

乙酸钠含量按下列公式计算：

$$\rho(NaAc) = \frac{c(NaOH)\ V(NaOH) \times 82.03}{10.00} \times 1000\ (mg \cdot L^{-1})$$

三、实验准备

仪器：碱式滴定管（25mL）、锥形瓶（250mL）、烧杯（50mL）、移液管（10mL）、脱脂棉（或玻璃纤维）、交换柱、732 型阳离子交换树脂。

试剂：NaOH 标准溶液（$0.1 mol \cdot L^{-1}$，已标定）、酚酞指示剂、甲基红指示剂、NaAc 样品溶液（约 $0.1 mol \cdot L^{-1}$）、HCl 溶液（$2 mol \cdot L^{-1}$）、纯化水。

四、实验步骤

1. 乙酸钠含量测定

（1）装柱

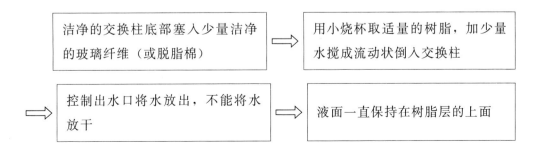

⇨ 树脂用量约 15mL，树脂层高度为交换柱的 2/3，顶端再塞入少许脱脂棉，树脂层中不得留有气泡

（2）交换

精密量取 10.00mL NaAc 样品溶液，直接沿交换柱壁缓缓加入 ⇨ 开启活塞，控制流速为 1～2mL·min^{-1}（约每两秒滴加 1 滴）

⇨ 样品溶液全部进入树脂后，再加纯化水淋洗，并用 250mL 锥形瓶收集 ⇨ 加纯化水淋洗时，开始速度要慢，等收集 100mL 左右时，速度可加快

（3）检查是否淋洗干净

锥形瓶收集洗液达 200mL 后，再用一小烧杯收集洗液 50mL ⇨ 检查是否淋洗干净（用甲基红指示剂检查）

（4）含量测定

若淋洗干净，在锥形瓶中加酚酞指示剂 4 滴 ⇨ 用 NaOH 标准溶液滴定至淡红色，记录消耗 NaOH 标准溶液体积

2. 阳离子交换树脂的预处理和再生

市售阳离子交换树脂多为 Na 型，用前可用 2mol·L^{-1} HCl 溶液浸泡 1～2 天 ⇨ 用纯化水以倾泻法洗涤 10 次

⇨ 每次用纯化水漂洗树脂并小心搅拌 ⇨ 漂洗至呈中性（用甲基红指示剂检查）。实验结束后树脂回收，处理方法同上

五、数据记录与处理

项目	1	2	3
$c(\mathrm{NaOH})/(\mathrm{mol}\cdot\mathrm{L}^{-1})$			
$V(\mathrm{NaOH})$ 初读数/mL			
$V(\mathrm{NaOH})$ 终读数/mL			
$V(\mathrm{NaOH})$ /mL			
$\rho(\mathrm{NaAc})/(\mathrm{mg}\cdot\mathrm{L}^{-1})$			
平均值 $\bar{\rho}(\mathrm{NaAc})/(\mathrm{mg}\cdot\mathrm{L}^{-1})$			
相对平均偏差/%			

六、问题讨论

1. 树脂层若混有空气，对测定的结果有何影响？操作时应如何防止树脂层混入空气？若混入了空气应如何处理？
2. 为什么要控制流出液流速？
3. NaAc 能否用其他方法测定？

七、注意事项

1. 树脂需用水洗净残余的酸（包括装柱前、样品进柱后）。
2. 交换柱顶部塞入的脱脂棉不能太多，也不能压太紧，以免影响流速。树脂连同水一起装入交换柱，可装得较均匀并能赶除气泡。
3. 在整个交换实验中，水层始终高于树脂层，树脂层中不得留有气泡，否则必须重装或用长玻璃棒插入树脂层中轻轻上下移动驱赶气泡。待样品溶液刚好全部进入树脂后再用纯化水淋洗，开始速度要慢，淋洗 2~3 遍后，可加快流速，但不可过快。

4. 检查是否淋洗干净，还可以用甲基红指示剂检查。

5. 实验结束后可将树脂倒出回收，再生使用。

实验三　硫酸亚铁铵的制备（综合性实验）

一、实验目标

知识目标：

1. 熟悉复盐制备的基本原理。

2. 掌握水浴加热、常压过滤、减压过滤、蒸发、浓缩、结晶和干燥等基本操作。

能力目标：

1. 学会用目视比色法检验产品质量。

2. 学会准确观察并记录实验现象，正确处理实验结果。

素质目标：

1. 培养学生实事求是的科学态度和良好的实验习惯。

2. 激发学生对化学的兴趣。

二、实验原理

硫酸亚铁铵 $[(NH_4)_2SO_4 \cdot FeSO_4 \cdot 6H_2O]$ 又称莫尔盐，是浅蓝色透明晶体，比一般的亚铁盐稳定。它在空气中不易被氧化，溶于水而不溶于乙醇。在定量分析中，常用硫酸亚铁铵来配制亚铁离子的标准溶液。

硫酸亚铁铵在水中的溶解度比 $FeSO_4$ 或 $(NH_4)_2SO_4$ 的溶解度都小，只要将浓度较高的 $FeSO_4$ 或 $(NH_4)_2SO_4$ 溶液混合即得硫酸亚铁铵晶体。

本实验先将铁屑溶于稀 H_2SO_4，可制得 $FeSO_4$ 溶液，再加入 $(NH_4)_2SO_4$ 固体并使其全部溶解，经浓缩、冷却即得溶解度小的硫酸亚铁铵晶体。

$$Fe + H_2SO_4 =\!=\!= FeSO_4 + H_2$$

$$FeSO_4 + (NH_4)_2SO_4 + 6H_2O \rightleftharpoons (NH_4)_2SO_4 \cdot FeSO_4 \cdot 6H_2O$$

在实验过程中加入强酸（H_2SO_4），可防止 Fe^{2+} 氧化成 Fe^{3+}。

产品中的主要杂质是 Fe^{3+}，产品质量等级常以 Fe^{3+} 含量多少来衡量，本实验可用比色法来进行产品质量的等级评定。由于 Fe^{3+} 能与过量的 SCN^- 生成血红色的 $[Fe(SCN)_6]^{3-}$。在产品中加入 SCN^- 后，若溶液呈较深的红色，表明产品中含 Fe^{3+} 较多，反之表明产品中 Fe^{3+} 较少。将它所呈现的红色与 $[Fe(SCN)_6]^{3-}$ 标准溶液进行比较，找出与之深浅程度一致的标准溶液，则该标准溶液所示 Fe^{3+} 含量为产品的杂质 Fe^{3+} 含量，依此便可确定产品的等级。一、二、三级的 1g 硫酸亚铁铵含 Fe^{3+} 的限量分别为 0.05mg、0.10mg 及 0.20mg。

三、实验准备

仪器：电子天平、烧杯（50mL）、锥形瓶（250mL）、移液管（25.00mL）、容量瓶（25mL、250mL）量筒（100mL、10mL）、水浴锅（内径16cm）、减压过滤装置、蒸发皿、滤纸、目视比色管（25mL）。

试剂：硫酸铁铵 $[NH_4Fe(SO_4)_2 \cdot 12H_2O]$、铁屑、$(NH_4)_2SO_4$ 固体、10% Na_2CO_3 溶液、H_2SO_4（$3mol \cdot L^{-1}$）、HCl（$2mol \cdot L^{-1}$）、25%乙醇溶液、KSCN 溶液（25%）、Fe^{3+} 标准溶液、一级试剂（含 Fe^{3+} 0.05mg）、二级试剂（含 Fe^{3+} 0.10mg）、三级试剂（含 Fe^{3+} 0.20mg）、纯化水。

四、实验步骤

1. 铁屑的净化

| 称取 4g 铁屑置于锥形瓶中，加 20mL 10% Na_2CO_3 溶液，水浴加热约 10min | ⇒ | 倾去碱液，再用纯化水洗净铁屑 |

2. 硫酸亚铁的制备

| 在盛有铁屑的锥形瓶中加 25mL $3mol \cdot L^{-1}$ H_2SO_4，水浴加热约 30min（通风橱中操作） | ⇒ | 待反应至无气泡产生后，趁热减压过滤至小烧杯 |

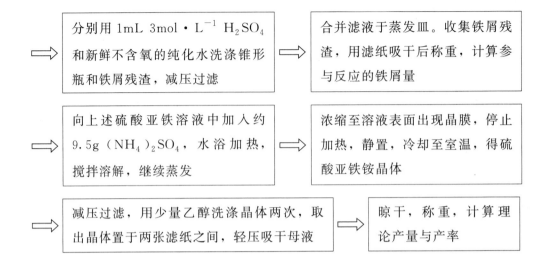

3. 产品检验

不同级别 Fe^{3+} 标准溶液的配制如下。

Fe^{3+} 标准溶液配制：准确称取 0.0216g $NH_4Fe(SO_4)_2 \cdot 12H_2O$ 溶于少量水中，再加入 6mL 3mol·L^{-1} H_2SO_4 溶液酸化，定量转移至 250mL 容量瓶中，用纯化水稀释，定容，摇匀。此溶液中 Fe^{3+} 浓度为 0.0100mg·mL^{-1}。

一级试剂（含 Fe^{3+} 0.05mg）配制：精密量取 Fe^{3+} 标准溶液 5.00mL 于 25mL 比色管中，加 1mL 3mol·L^{-1} H_2SO_4 溶液和 1mL 25% KSCN 溶液，用新煮沸放冷的纯化水将溶液稀释至刻度，摇匀。

二级试剂（含 Fe^{3+} 0.10mg）配制：精密量取 Fe^{3+} 标准溶液 10.00mL 于 25mL 比色管中，加 1mL 3mol·L^{-1} H_2SO_4 溶液和 1mL 25% KSCN 溶液，用新煮沸放冷的纯化水将溶液稀释至刻度，摇匀。

三级试剂（含 Fe^{3+} 0.20mg）配制：精密量取 Fe^{3+} 标准溶液 20.00mL 于 25mL 比色管中，加 1mL 3mol·L^{-1} H_2SO_4 溶液和 1mL 25% KSCN 溶液，用新煮沸放冷的纯化水将溶液稀释至刻度，摇匀。

称取 1g 硫酸亚铁铵样品于 25mL 目视比色管中，用 15mL 新鲜纯化水溶解，加 2mL 3mol·L^{-1} HCl 溶液和 1mL 25% KSCN 溶液，加纯化水定容至 25.00mL，摇匀。与标准溶液进行目视比色，确定产品的等级。

五、数据记录与处理

（1）硫酸亚铁铵的制备

铁屑的质量 $m_{Fe_1} = $ _____ g

铁屑残渣重 $m_{Fe_2} = $ _____ g

参加反应的铁屑质量 = _____ g

硫酸亚铁铵产量 $m = $ _____ g

硫酸亚铁铵产率 = _____ %

（2）产品纯度检验

项目	一级试剂 （Fe^{3+} 0.05mg）	二级试剂 （Fe^{3+} 0.10mg）	三级试剂 （Fe^{3+} 0.20mg）
硫酸亚铁铵产品级别			

六、问题讨论

1. 在蒸发及浓缩过程中，若发现溶液变为黄色，可能是什么原因？应如何处理？

2. 如何计算硫酸亚铁铵的产率？应根据铁的用量还是硫酸铵的用量？

七、注意事项

1. 铁屑在使用之前必须净化。

2. 铁屑与 H_2SO_4 溶液的反应须在通风橱中进行。

3. 反应完成后，分别用 H_2SO_4 和不含氧的纯化水洗涤锥形瓶和铁屑残渣，因为 Fe^{2+} 在强酸介质中较稳定，加入硫酸是为了防止滤液中的 Fe^{2+} 转化为 Fe^{3+}。

4. 在硫酸亚铁的制备过程中，加热时应经常摇动锥形瓶以加速反应，并适当添加水分。

实验四　混合碱中碳酸氢钠和碳酸钠含量的测定（综合性实验）

一、实验目标

知识目标：

1. 掌握用双指示剂法测定碳酸氢钠和碳酸钠混合液中各组分含量的原理和方法。
2. 了解滴定过程中 pH 的变化。
3. 掌握滴定操作。

能力目标：

1. 能够用双指示剂法测定碳酸氢钠和碳酸钠混合液中各组分含量。
2. 学会酸碱滴定法在混合碱含量测定中的应用。

素质目标：

1. 要求有严谨求实的学习态度。
2. 要求勤于思考、勤于实践，积极主动完成实验。

二、实验原理

混合碱通常是 Na_2CO_3 与 NaOH 或 Na_2CO_3 与 $NaHCO_3$ 的混合物，可用双指示剂法测定其各组分含量。

试样若为 Na_2CO_3 与 $NaHCO_3$ 混合物，先加酚酞并作为指示剂，用 HCl 标准溶液滴定至无色时，Na_2CO_3 被滴定生成 $NaHCO_3$，即 Na_2CO_3 被中和一半，其反应为：

$$Na_2CO_3 + HCl =\!\!=\!\!= NaHCO_3 + NaCl$$

再加溴甲酚绿-二甲基黄指示剂，继续用盐酸滴定，滴定至溶液由绿色变为亮黄色，反应为：

$$NaHCO_3 + HCl = NaCl + CO_2\uparrow + H_2O$$

假定用酚酞作指示剂时,所消耗 HCl 标准溶液体积为 V_1(mL)。再用溴甲酚绿-二甲基黄作指示剂时,所消耗 HCl 标准溶液的体积为 V_2。

$NaHCO_3$ 与 Na_2CO_3 的含量可由下式计算:

$$w(NaHCO_3) = \frac{c(HCl)(V_2-V_1)M(NaHCO_3)\times 10^{-3}}{m_s}\times 100\%$$

$$w(Na_2CO_3) = \frac{c(HCl)V_1 M(Na_2CO_3)\times 10^{-3}}{m_s}\times 100\%$$

式中,m_s 为混合碱试样质量,g。

三、实验准备

仪器:电子天平、酸式滴定管(25mL)、移液管(25mL)、锥形瓶(250mL)。

试剂:盐酸标准溶液(0.1mol·L^{-1},已标定)、酚酞指示剂、溴甲酚绿-二甲基黄指示剂、混合碱(s)、纯化水。

四、实验步骤

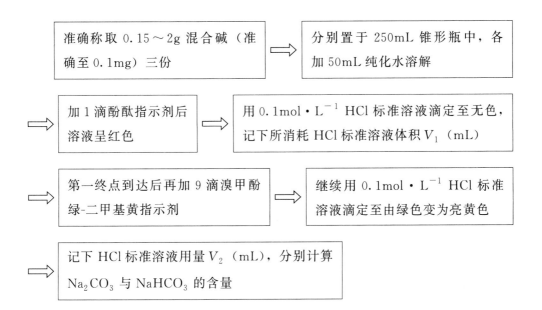

五、数据记录与处理

测定序号		1	2	3
（试样质量＋瓶）初重/g				
（试样质量＋瓶）末重/g				
m（试样）/g				
第一终点 （酚酞指示剂变色）	HCl 初读数/mL			
	第一终点读数/mL			
	V_1（HCl）/mL			
第二终点（溴甲酚绿- 二甲基黄指示剂变色）	HCl 第一终点读数/mL			
	第二终点读数/mL			
	V_2（HCl）/mL			
w（$NaHCO_3$）/%				
平均值$\overline{w}$（$NaHCO_3$）/%				
相对平均偏差/%				
w（Na_2CO_3）/%				
平均值$\overline{w}$（Na_2CO_3）/%				
相对平均偏差/%				

六、问题讨论

1. 实验中用酚酞作指示剂时，所消耗的 HCl 标准溶液体积比用溴甲酚绿-二甲基黄作指示剂时所消耗的 HCl 标准溶液体积少，为什么？

2. 同样的方法能用于测定 Na_2HPO_4 和 NaH_2PO_4 的混合碱吗？

3. 测定某一批混合碱样品时，若出现 $V_1<V_2$、$V_1=V_2$、$V_1>V_2$、$V_1=0$、$V_2=0$ 五种情况，说明各样品的组成有什么差别。

七、注意事项

1. 实验中要使用新煮沸放冷的纯化水。

2. 在滴定时，酸要逐滴地加入，并不断摇动溶液以防形成 CO_2 的过饱和溶液而使终点提前。

实验五　阿司匹林铜中铜的含量测定
（设计性实验）

一、实验目标

1. 掌握阿司匹林铜中铜的含量测定原理。
2. 熟悉间接碘量法的测定方法。

二、实验指导

阿司匹林铜配合物不仅具有比阿司匹林更强的镇痛、抗炎、抗风湿、抗血小板聚集、防止血栓形成等作用，而且其对胃肠造成的不良反应较小，是一种有着广泛应用前景的新药。

数字资源7-2
阿司匹林铜中铜的含量测定

① 氧化还原滴定法：Cu^{2+} 与过量 I^- 作用生成不溶性的 CuI 沉淀，并定量析出 I_2，反应如下：

$$2Cu^{2+} + 4I^- = 2CuI\downarrow + I_2$$

生成的 I_2 用 $Na_2S_2O_3$ 滴定液滴定，以淀粉为指示剂，滴定至溶液的蓝色刚好消失即为终点，反应如下：

$$I_2 + 2Na_2S_2O_3 = Na_2S_4O_6 + 2NaI$$

由于 CuI 沉淀表面吸附 I_2，故分析结果偏低。为减少 CuI 沉淀对 I_2 吸附，可以在大部分 I_2 被 $Na_2S_2O_3$ 溶液滴定后，再加入 KSCN 溶液，能使 CuI 沉淀转化为更难溶的 CuSCN，反应式如下：

$$CuI + SCN^- = CuSCN\downarrow + I^-$$

CuSCN 吸附的倾向较小，可以提高测定结果的准确度。由以上反应式可以看出：Cu^{2+} 与 I_2 之间摩尔比为 2:1，I_2 与 $Na_2S_2O_3$ 之间摩尔比为 1:2，Cu^{2+} 与 $Na_2S_2O_3$ 之间摩尔比为 1:1，故可按下式计算阿司匹林铜中铜的含量：

$$w(Cu) = \frac{c(Na_2S_2O_3) \times V(Na_2S_2O_3) \times 10^{-3} M(Cu)}{m_s}$$

② 配位滴定法：加入过量 EDTA 与 Cu^{2+} 反应，用 Zn^{2+} 标准溶液返滴定过量的 EDTA，以二甲酚橙作为指示剂。

③ 重量分析法：加入 Ba^{2+} 与 SO_4^{2-} 形成沉淀，过滤、洗涤并灼烧至恒重，称量并计算阿司匹林铜中铜的含量。

④ 可见分光光度法：配制一系列标准溶液，测定其吸光度并绘出标准曲线。测定试样的吸光度，根据标准曲线，计算阿司匹林铜中铜的含量。

⑤ 原子吸收分光光度法：配制一系列铜标准溶液，测定其吸光度并绘出标准曲线。测定试样的吸光度，根据标准曲线，计算阿司匹林铜中铜的含量。

三、设计方案及要求

1. 样品预处理。

2. 选用合适条件，分别用重量分析法、配位滴定法、氧化还原滴定法、可见分光光度法、原子吸收分光光度法测定阿司匹林铜中铜的含量。

氧化还原滴定法的步骤：

取阿司匹林铜试样 1.0000g，精密称定，置于碘量瓶中，加 7mL 6mol·L^{-1} HCl，充分反应 ⇒ 再加 30mL 纯化水，加热煮沸 3min，再加 15mL 蒸馏水冷却至室温，加入 2g KI，摇匀 ⇒ 放置 5min，用 $Na_2S_2O_3$ 滴定液至近终点（颜色变至黄色），加 100g·L^{-1} KI 溶液 1mL ⇒ 2mL 0.5% 淀粉作指示剂，继续滴定至蓝色刚好消失为终点。平行操作 3 次

四、思考题

配位滴定法测定 Cu^{2+} 时,除了本实验用的二甲酚橙指示剂,还可以用什么指示剂?

五、注意事项

1. 重量分析法中注意对恒重概念的理解。
2. 配位滴定法中因为 Cu^{2+} 与 EDTA 反应速率较慢,因此采用回滴法,先加入过量定量的 EDTA,反应后剩余的 EDTA 用硫酸锌标准溶液回滴。
3. 氧化还原滴定法中采用间接碘量法测定阿司匹林铜中铜的含量,注意淀粉指示剂在临近终点时滴加。另外在临近终点时加少量 KSCN 溶液可避免 CuI 对铜的吸附。为防止铜盐水解,反应必须在酸性溶液中进行。

实验六 分离绿色蔬菜中的植物色素（设计性实验）

一、实验目标

1. 掌握柱色谱法分离混合物的原理及操作技术。
2. 熟悉从植物中分离天然化合物的方法。
3. 熟悉萃取、分离等操作技术。

二、实验指导

绿色植物的叶子中有叶绿素、叶黄素和胡萝卜素等多种色素。叶绿素和胡萝卜素分子中含有较大的烃基而容易溶于醚和石油醚等非极性溶剂,叶黄素的分子中含有两个极性的羟基,较易溶于醇,在石油醚中溶解度较小。

本实验以蔬菜叶子为原料,用石油醚-乙醇混合溶剂萃取出色素,再用柱色谱法进行分离。柱色谱法分离时，先采用石油醚-丙酮混合溶剂作洗脱剂，胡萝卜素极性小，随洗脱剂流动较快，先分离出来。再增加洗脱剂中丙酮的比例，叶黄素分子中有羟基，也随溶剂流出；最后叶绿素分子极性基团较多，可用正丁醇-乙醇-水混合溶剂将其洗脱。

三、设计方案及要求

1. 样品预处理（萃取、分离、洗涤和干燥）。
2. 选用柱色谱法对蔬菜中的植物色素进行分离。

四、思考题

1. 绿色植物中主要含有哪些天然色素？
2. 胡萝卜中的胡萝卜素含量较高，试设计合适的实验方案进行提取。

五、注意事项

1. 色谱柱填装的好坏是实验的关键。
2. 可以选择韭菜、菠菜等绿叶蔬菜作为原料。
3. 石油醚易挥发、易燃，使用时注意防火。

实验七　茶叶中钙、镁及铁含量的测定（设计性实验）

一、实验目标

1. 掌握配位滴定法测定茶叶中钙、镁含量的原理和方法。
2. 掌握可见分光光度法测定茶叶中微量铁的原理和方法。

二、实验指导

茶叶中除含有 C、H、O 和 N 等元素外，还含有人体必需的 Ca、Mg、Fe 等多种微量元素，将茶叶置于敞口的蒸发皿或坩埚中并在空气中加热，茶叶会经氧化分解而烧成灰烬，再用酸溶解，可对处理后样品中的钙、镁及铁等多种元素含量进行分析。

利用配位滴定法可测得钙和镁总量。

茶叶中铁的含量可用分光光度法测定。

三、设计方案及要求

1. 茶叶灰化及试液制备。
2. 茶叶中钙镁总含量的测定。
3. 茶叶中铁含量的测定。

四、思考题

分析本实验的误差主要来自哪些过程？比较配位滴定法和分光光度法对实验相对误差有何要求？

五、注意事项

用配位滴定法测定钙、镁离子时，Fe^{3+}、Al^{3+} 的存在会干扰测定，可用三乙醇胺掩蔽。

实验考核项目一 盐酸标准溶液（0.1mol·L^{-1}）的配制与标定

一、实验步骤

1. 0.1mol·L^{-1} HCl 溶液的配制

计算配制 500mL 0.1mol·L^{-1} HCl 溶液所需浓盐酸体积，用量筒量取所需浓盐酸，装入 500mL 烧杯中，加纯化水稀释至刻度，转移至试剂瓶，摇匀，备用。

2. 0.1mol·L^{-1} HCl 溶液的标定

取在 270～300℃ 干燥至恒重的基准无水碳酸钠约 0.50～0.52g，精密称定，置于 100mL 烧杯，加 30mL 纯化水溶解，转移至 100.0mL 容量瓶，定容、摇匀。精密量取 20.00mL 已配制的碳酸钠溶液并转移至 250mL 锥形瓶，加 2 滴甲基橙指示剂，振荡摇匀，用盐酸标准溶液滴定至溶液刚好由黄色变橙色即为终点，记下所消耗的盐酸标准溶液的体积，平行测定 3 次，按公式计算 HCl 浓度。

二、数据记录与处理

实验考核报告单

姓名		准考证号	
操作台号		时间	
考评员签名		审核员签字	
滴定管号		温度/℃	
配制体积/mL	500	HCl 预期浓度/(mol·L^{-1})	0.1
Na$_2$CO$_3$ 摩尔质量	105.99	待标溶液代号	

续表

数据记录与计算 \ 测定序号	1		
（Na_2CO_3＋瓶）初重/g			
（Na_2CO_3＋瓶）末重/g			
m（Na_2CO_3）/g			
V(HCl) 初读数/mL			
V(HCl) 终读数/mL			
V(HCl)/mL			
c(HCl)/(mol·L^{-1})			
平均值 $\bar{c}$(HCl)/(mol·L^{-1})			
相对极差/%			

数据处理（各步须写出公式和计算过程）：

1. 计算 HCl；

2. 计算相对极差。

实验考核评分表

姓名_____ 班级_____ 考核日期_____

一、实验前准备

序号	考核项目	考核内容	考核要点	
1	准备 （5分）	着装	着白大褂，扣好衣扣	
			不穿露脚面的鞋子；不穿高跟鞋	
			超过肩膀的长发，应当绑好	
		器皿洗涤	烧杯、锥形瓶、移液管、小烧杯、滴定管等实验所需器皿洗涤干净	

二、实验操作

序号	考核项目	考核内容	考核要点	
1	移液管操作（20分）	移液管润洗	小烧杯的润洗，至少三次	
			移液管插入溶液润洗前，用滤纸擦干外壁，尽量吹尽移液管内残留溶液	
			移液管用溶液润洗，至少三次	
		移液管移液操作	移液管插入液面下，但不得插到底部	
			不吸空，不重吸	
			溶液吸至移液管刻度以上	
			调刻度前用滤纸擦拭移液管外壁	
			移液管尖端不得有气泡	
		放液操作	移液管垂直，移液管尖紧贴锥形瓶内壁，溶液自然流入锥形瓶	
			放液后停留约15秒	
2	滴定操作（40分）	润洗	用滴定液润洗，至少三次（2分）	
		试漏	正确试漏（2分）	
		装液	直接从试剂瓶中往滴定管中加溶液至零刻度以上，滴定管适当倾斜，滴定液不得倒出（2分）	

续表

序号	考核项目	考核内容	考核要点	
2	滴定操作（40分）	装液	装液时手心贴着试剂瓶标签（2分）	
			排出滴定管下端气泡（2分）	
		调零	滴定管静置2分钟后再调刻度（2分）	
			调零时，滴定管自然垂直，眼睛和刻度平齐（2分）	
			滴定管下端最后一滴用锥形瓶外壁或其他干净烧杯轻轻靠去（2分）	
			如实记录零点（2分）	
			将读数结果交予考评员审核（2分）	
		滴定	手势：反手空心，左手控制滴定管，右手拿锥形瓶（2分）	
			边滴边旋摇（2分）	
			滴定台位置放置合适，滴定管高度合适（2分）	
		滴定速度	滴定速度合理：刚开始时可以适当快一点，成滴不成线（2分）	
			近终点逐滴滴加，且能熟练控制（2分）	
		最后半滴	正确处理最后半滴，近终点用水吹洗锥形瓶内壁（2分）	

续表

序号	考核项目	考核内容	考核要点	
2	滴定操作（40分）	终点判断	终点判断准确，保持30秒不褪色（4分）	
		终点读数	滴定管自然垂直，眼睛和刻度平齐，读取滴定管读数（2分）	
			将读数结果交予考评员审核（2分）	

三、实验结束，结果处理与计算

序号	考核项目	考核内容	考核要点	
1	结束工作（5分）	实验台面	整洁、有序	
		废弃物处理	按规定正确处理	
		试剂设备归位	实验完成后，全部试剂、器皿、用具归位，天平复位和使用登记	
		器皿清洗	各器皿应清洗干净	
2	数据处理（30分）	原始数据	记录在试题卷上	
			记录及时	
		记录整洁	原始数据记录完整；涂改规范	
		有效数字	正确保留有效数字，修约正确	
		计算公式	计算公式正确	
		计算结果（20分）	代入数据正确，单位正确	

续表

序号	考核项目	考核内容	考核要点	
2	数据处理（30分）	计算结果（20分）	精密度（10分）	相对极差≤0.2%不扣分；0.2%（不含）~1.0%（含，下同）扣3分；1.0%~3.0%扣5分；3.0%~5%扣10分；超过5%技能考核不及格
			准确度（10分）	相对误差≤0.2%不扣分；0.2%~1.0%扣5分；1.0%~2.0%扣8分；超过2.0%扣10分（可疑值合理取舍后，取本组浓度平均值作为真实值）
3	重大失误（10分）		称量失败，重新滴定，滴定管、移液管、容量瓶操作出现其他不可预见重大失误的扣分（本项最多扣10分）	
4	诚信考试（10分）		篡改测量数据的（如伪造、凑数据等）总分以零分计	
总成绩				

实验考核项目二 高锰酸钾含量的测定

一、实验步骤

1. 准备工作
① 清洗容量瓶、移液管及需用的玻璃器皿。
② 配制 $KMnO_4$ 标准溶液。
③ 按仪器使用说明书检查仪器,预热 20min,并调试至工作状态。
④ 检查比色皿的配套性。

2. 标准溶液的配制

精密称取基准物质 $KMnO_4$ 0.0125g,置于小烧杯中,溶解后定量转入 100mL 容量瓶中,用纯化水稀释至刻度线,摇匀,此溶液每毫升含 $KMnO_4$ 的浓度为 0.125mg。

3. 吸收曲线的绘制

精密吸取上述 $KMnO_4$ 溶液 20.00mL 置于 50mL 容量瓶中,用纯化水稀释至刻度线,摇匀。将此溶液与空白液(纯化水)分别盛于 1cm 厚的比色皿中,并将其放在分光光度计的比色皿架上,波长从 420nm 开始到 700nm,每隔 10nm 测量一次吸光度(其中在 510~550nm 处,每隔 5nm 测定一次)。每变换一次波长,都需用纯化水作空白液,调节透光率为 100% 后,再测定溶液的吸光度。最后以波长为横坐标,吸光度为纵坐标,绘制吸收光谱曲线并找出最大吸收波长。

4. 标准曲线的绘制

取 6 只 50mL 的容量瓶,编号为 1~6 号,分别精密加入 $KMnO_4$ 标准液体积为 0.00、2.00、4.00、6.00、8.00 和 10.00mL,用纯化水稀释至刻度线,摇匀。以 1 号为空白,在最大吸收波长 525nm 处,依次测定 2~6 号标准溶液的吸光度 A。

然后以浓度为横坐标,吸光度为纵坐标绘制标准曲线。

5. 样品的测定

取 1 只 50mL 容量瓶,加样品液 5mL(约含 $KMnO_4$ 0.5mg),用纯化水稀释至刻度线，摇匀。在与标准系列比色液完全相同的测定条件下测定样品的吸光度 A，然后从标准曲线上查出相应的 $KMnO_4$ 浓度，即为样品比色液的浓度。

二、实验记录和数据处理

① 绘制标准曲线；
② 计算未知样平均浓度；
③ 计算相对平均偏差。

（粘贴曲线）

实训考核评分表

实验操作部分：

项目		考核内容		记录	备注	分值	扣分
显色操作	15 分	移液操作	规范		按化学技能扣分标准执行	5	
			不规范				
		显色步骤	正确			2	
			不正确				
		定容操作	规范		按化学技能扣分标准执行	5	
			不规范				
		失败的操作	有		重新配制溶液	3	
			无				
准备工作	4 分	测量前仪器预热	进行			2	
			未进行				
		通电后打开暗箱盖	已开		光闸放入光路	1	
			未开				
		调"0""100"操作	会			1	
			不会				

续表

项目		考核内容		记录	备注	分值	扣分
比色皿使用	4分	比色皿执法	正确			1	
			错误				
		比色皿光面的擦拭方法	正确			1	
			错误				
		注液的高度	皿高2/3~4/5			1	
			过高或过低				
		比色皿校正	校正			1	
			未校正				
光度测量操作	6分	用待测液润洗比色皿	已润洗			1	
			未洗				
		测量顺序	由浅至深			1	
			随意				
		比色皿放置	沿光路方向			1	
			随意				
		测量过程重校"0""100"	校		波长改变	1	
			未校				
		非测量状态打开暗箱盖	开		光闸未放入光路	2	
			未开				
文明操作	4分	清洗玻璃仪器、放回原处，清理台面	已进行		乱扔废纸、乱倒废液	2	
			未进行				
		实验结束工作	已进行		比色皿清洗、仪器关机	2	
			未进行				

数据记录及处理部分：

项目		考核内容		记录	备注	分值	扣分
记录与报告	6分	原始记录填写格式	规范			1	
			不规范				
		原始记录填写内容	完整			1	
			不完整				
		原始数据记录	及时、合理		涂改、拼凑者取消资格	2	
			不符要求				
		报告单	规范、正确		无报告单者扣5分	2	
			不规范、错误				
数据处理	40分	工作曲线绘制方法	正确			5	
			不正确				
		吸收曲线绘制	正确		光滑、无折点	5	
			不正确				
		工作曲线线性相关系数（小于0.999技能考核不及格）	很好		大于0.99999	15	
			好		大于0.9999	10	
			一般		大于0.999	5	
			不好		小于0.999	0	
		图上注明项目	全项注明		缺一项扣0.5分	2	
			未注或缺项				
		工作曲线使用方法	正确			1	
			不正确				
		计算公式	正确			2	
			不正确				
		计算结果	正确			10	

续表

项目		考核内容		记录	备注	分值	扣分
结果评价	21分	结果准确度相对标准偏差	好		小于2%	15	
			较好		2%～3%	10	
			一般		3%～5%	5	
			较差		5%～7%	3	
			差		大于7%	0	
		完成时间120min，每超出5min扣1分	开始时间		超过150min技能考核不及格	6	
			结束时间				
			实用时间				

考评员_____　　审核员_____　　日期_____

附　录

附录1　常见化合物的摩尔质量

化合物	$M/(g \cdot mol^{-1})$	化合物	$M/(g \cdot mol^{-1})$
AgBr	187.77	$CaCO_3$	100.09
AgCl	143.32	CaC_2O_4	128.10
AgI	234.77	CaO	56.08
$AgNO_3$	169.87	CO_2	44.01
Al_2O_3	101.96	$Ca(OH)_2$	74.09
$Al(OH)_3$	78.00	CuO	79.545
AgBr	187.77	Cu_2O	143.09
As_2O_3	197.84	$CuSO_4 \cdot 5H_2O$	249.68
As_2O_5	246.02	$FeCl_3$	162.21
$BaCO_3$	197.34	FeO	71.846
$BaCl_2 \cdot 2H_2O$	244.27	Fe_2O_3	159.69
$BaSO_4$	233.39	$Fe(OH)_3$	106.87

续表

化合物	$M/(\text{g}\cdot\text{mol}^{-1})$	化合物	$M/(\text{g}\cdot\text{mol}^{-1})$
H_3BO_3	61.83	$KClO_4$	138.55
HCl	36.461	$MgCl_2$	95.21
$HClO_4$	100.46	$MgSO_4 \cdot 7H_2O$	246.49
HNO_3	63.01	$MgNH_4PO_4 \cdot 6H_2O$	245.41
H_2O	18.016	MgO	40.30
H_2O_2	34.02	$MgCl_2$	95.21
H_3PO_4	97.995	$Mg(OH)_2$	58.32
H_2SO_4	98.07	$Mg_2P_2O_7$	222.55
$HCOOH$	46.03	$Na_2B_4O_7$	201.22
CH_3COOH	60.05	$Na_2B_4O_7 \cdot 10H_2O$	381.42
$H_2C_2O_4 \cdot 2H_2O$	126.07	$NaBr$	102.89
I_2	253.81	$NaCl$	58.443
K_2CO_3	138.21	$NaClO$	74.442
K_2CrO_4	194.19	Na_2CO_3	105.99
$K_2Cr_2O_7$	294.18	$Na_2CO_3 \cdot 10H_2O$	286.14
$KHC_2O_4 \cdot H_2O$	146.15	$Na_2B_4O_7 \cdot 10H_2O$	381.42
$KHC_8H_4O_4(KHP)$	204.22	$Na_2C_2O_4$	134.00
KI	166.00	$NaHCO_3$	84.01
KIO_3	214.00	$Na_2HPO_4 \cdot 12H_2O$	358.14
$KMnO_4$	158.03	Na_3PO_4	163.94
KNO_3	101.10	$NaNO_2$	68.995
KOH	56.11	$NaOH$	40.00
$KAl(SO_4)_2 \cdot 12H_2O$	474.41	$Na_2S_2O_3$	158.10
KBr	119.00	$Na_2S_2O_3 \cdot 5H_2O$	248.17
KCl	74.551	NH_3	17.03

续表

化合物	$M/(\text{g}\cdot\text{mol}^{-1})$	化合物	$M/(\text{g}\cdot\text{mol}^{-1})$
$NH_3\cdot H_2O$	35.045	$Pb(NO_3)_2$	331.20
NH_4Cl	53.491	PbO	223.20
$(NH_4)_2SO_4$	132.13	SO_3	80.06
$NH_4Fe(SO_4)_2\cdot 12H_2O$	482.18	SO_2	64.06
NH_4SCN	76.12	SiO_2	60.08
$PbCrO_4$	323.19	$SnCl_2$	189.62
PbC_2O_4	295.22	ZnO	81.38
P_2O_5	141.94	$ZnSO_4\cdot 7H_2O$	287.57
$Pb(CH_3COO)_2$	325.29	$(CH_3COO)_2Zn\cdot 2H_2O$	219.51

附录2 常用基准物的干燥条件与应用

基准物质	干燥条件	标定对象
$AgNO_3$	280～290℃干燥至恒重	卤化物、硫氰酸盐
As_2O_3	室温干燥器中保存	I_2
$CaCO_3$	110～120℃保持2h，干燥器中冷却	EDTA
$KHC_8H_4O_4$ （邻苯二甲酸氢钾）	110～120℃干燥至恒重，干燥器中冷却	$NaOH$、$HClO_4$
KIO_3	120～140℃保持2h，干燥器中冷却	$Na_2S_2O_3$
$K_2Cr_2O_7$	140～150℃保持3～4h，干燥器中冷却	$FeSO_4$、$Na_2S_2O_3$
$NaCl$	500～600℃保持50min，干燥器中冷却	$AgNO_3$

续表

基准物质	干燥条件	标定对象
$Na_2B_4O_7 \cdot 10H_2O$	含 NaCl-蔗糖饱和溶液的干燥器中保存	HCl、H_2SO_4
Na_2CO_3	270~300℃保持 50min,干燥器中冷却	HCl、H_2SO_4
$Na_2C_2O_4$（草酸钠）	130℃保持 2h,干燥器中冷却	$KMnO_4$
Zn	室温干燥器中保存	EDTA
ZnO	900~1000℃保持 50min,干燥器中冷却	EDTA

附录 3 常用缓冲溶液的配制

缓冲溶液组成	pK_a	缓冲溶液的 pH 值	缓冲溶液配制方法
氨基乙酸-HCl	2.35 (pK_{a1})	2.3	氨基乙酸 150g 溶于 500mL 水中,加浓盐酸 80mL,用水稀释至 1L
H_3PO_4-柠檬酸盐		2.5	$Na_2HPO_4 \cdot 12H_2O$ 113g 溶于 200mL 水后,加柠檬酸 387g,溶解,过滤后,加水稀释至 1L
一氯乙酸-NaOH	2.86	2.8	200g 一氯乙酸溶于 200mL 水中,加 NaOH 40g 溶解后,加水稀释至 1L
邻苯二甲酸氢钾-HCl	2.95 (pK_{a1})	2.9	500g 邻苯二甲酸氢钾溶于 500mL 水中,加浓盐酸 80mL,加水稀释至 1L
甲酸-NaOH	3.76	3.7	95g 甲酸和 NaOH 40g 置于 500mL 水中,溶解,加水稀释至 1L

续表

缓冲溶液组成	pK_a	缓冲溶液的pH值	缓冲溶液配制方法
NH_4Ac-HAc		4.5	NH_4Ac 77g 溶于 200mL 水中，加乙酸 59mL，稀释到 1L
NaAc-HAc	4.74	4.7	无水 NaAc 83g 溶于水中，加乙酸 60mL，加水稀释至 1L
NaAc-HAc	4.74	5.0	无水 NaAc 160g 溶于水中，加乙酸 60mL，稀释至 1L
NH_4Ac-HAc		5.0	NH_4Ac 250g 溶于 200mL 水中，加乙酸 25mL，加水稀释至 1L
六亚甲基四胺-HCl	5.15	5.4	六亚甲基四胺 40g 溶于 200mL 水中，加浓盐酸 10mL，加水稀释至 1L
NH_4Ac-HAc		6.0	NH_4Ac 600g 溶于 200mL 水中，加乙酸 20mL，加水稀释至 1L
NaAc-H_3PO_4 盐		8.0	无水 NaAc 50g 和 $Na_2HPO_4 \cdot 12H_2O$ 50g，溶于水中，加水稀释至 1L
NH_3-NH_4Cl	9.26	9.2	NH_4Cl 54g 溶于水中，加浓氨水 63mL，加水稀释至 1L
NH_3-NH_4Cl	9.26	10.0	NH_4Cl 54g 溶于水中，加浓氨水 350mL，加水稀释至 1L

附录4　市售酸碱试剂的浓度、含量及密度

试剂	浓度/(mol·L^{-1})	含量/%	密度/(g·mL^{-1})
乙酸	6.2～6.4	36.0～37.0	1.04
纯乙酸		99.8（GR）、99.5（AR）、99.0（CP）	1.05
氨水	12.9～14.8	25～28	0.88
盐酸	11.7～12.4	36～38	1.18～1.19
氢氟酸	27.4	40.0	1.13
硝酸	14.4～15.2	65～68	1.39～1.40
高氯酸	11.7～12.5	70.0～72.0	1.68
磷酸	14.6	85.0	1.69
硫酸	17.8～18.4	95～98	1.83～1.84

附录5　常用指示剂及其配制

一、酸碱滴定常用指示剂及其配制

指示剂名称	变色pH值范围	颜色变化	pK_{HIn}	浓度配制
百里酚蓝（第一次变色）	1.2～2.8	红→黄	1.6	0.1g指示剂溶于100mL 20%乙醇中

续表

指示剂名称	变色pH值范围	颜色变化	pK_{HIn}	浓度配制
甲基黄	2.9~4.0	红→黄	3.3	0.1g指示剂溶于100mL 90%乙醇中
甲基橙	3.1~4.4	红→黄	3.4	0.1%水溶液
甲基红	4.4~6.2	红→黄	5.2	0.1g或0.2g指示剂溶于100mL 60%乙醇中
溴甲酚绿	3.8~5.4	黄→蓝	4.9	0.1g指示剂溶于100mL 20%乙醇中
溴百里酚蓝	6.0~7.6	黄→蓝	7.3	0.05g指示剂溶于100mL 20%乙醇中
中性红	6.8~8.0	红→橙黄	7.4	0.1g指示剂溶于100mL 60%乙醇中
百里酚酞	9.4~10.6	无色→蓝	10.0	0.1g指示剂溶于100mL 90%乙醇中
百里酚蓝（第二次变色）	8.0~9.6	黄→蓝	8.9	0.1g指示剂溶于100mL 20%乙醇中
酚酞	8.2~10.0	无色→紫红	9.1	0.1g指示剂溶于100mL 60%乙醇中

二、常见的混合指示剂

指示剂溶液的组成	配制比例	变色点pH值	颜色		备注
			酸色	碱色	
1g/L甲基黄乙醇溶液＋1g/L亚甲基蓝乙醇溶液	1+1	3.25	蓝紫	绿	pH值3.4绿色 pH值3.2蓝紫色

续表

指示剂溶液的组成	配制比例	变色点 pH 值	颜色 酸色	颜色 碱色	备注
1g/L 甲基橙水溶液 ＋2.5g/L 靛蓝二磺酸水溶液	1＋1	4.1	紫	蓝绿	
1g/L 溴甲酚绿乙醇溶液 ＋2g/L 甲基红乙醇溶液	3＋1	5.1	酒红	绿	
1g/L 溴甲酚绿钠盐水溶液 ＋1g/L 氯酚红钠盐水溶液	1＋1	6.1	黄绿	蓝紫	pH 值 5.4 蓝绿色；5.8 pH 值蓝色；6.0 pH 值蓝带紫；6.2 pH 值蓝紫
1g/L 中性红乙醇溶液 ＋1g/L 亚甲基蓝乙醇溶液	1＋1	7.0	蓝紫	绿	pH 值 7.0 紫蓝
1g/L 甲酚红钠盐水溶液 ＋1g/L 百里酚蓝钠盐水溶液	1＋3	8.3	黄	紫	pH 值 8.2 玫瑰红；pH 值 8.3 灰；pH 值 8.4 紫
1g/L 百里酚蓝 50％乙醇溶液 ＋1g/L 酚酞 50％乙醇溶液	1＋3	9.0	黄	紫	由黄到绿再到紫
1g/L 百里酚蓝乙醇溶液 ＋1g/L 茜素黄乙醇溶液	2＋1	10.2	黄	紫	

三、常用沉淀及金属指示剂

名称	颜色 游离态	颜色 化合态	配制方法
铬酸钾	黄	砖红	5％水溶液

续表

名称	颜色		配制方法
	游离态	化合态	
铁铵矾（40%）（硫酸铁铵）	无色	血红	$NH_4Fe(SO_4)_2 \cdot 12H_2O$ 饱和水溶液，加数滴浓 H_2SO_4 溶液
荧光黄（0.5%）	绿色荧光	玫瑰红	0.5g 荧光黄溶于乙醇，并用乙醇稀释至 100mL
曙红	橙	深红	0.1%乙醇溶液（或 0.5%钠盐水溶液）
铬黑T	蓝	酒红	0.1g 铬黑T和 10g 氯化钠，研磨均匀；0.2g 铬黑T 溶于 15mL 三乙醇胺及 5mL 甲醇中
二甲酚橙（XO）	黄	紫红	0.1%水溶液
钙指示剂	蓝	红	0.1g 钙指示剂和 10g 氯化钠，研磨均匀
吡啶偶氮萘酚（PAN）（0.2%）	黄	红	0.2g PAN 溶于 100mL 乙醇中

附录6 常见阴阳离子鉴定方法

离子	鉴定方法
Ag^+	取 2 滴试液，加入 2 滴 $2mol \cdot L^{-1}$ HCl，若有白色沉淀，离心分离，取沉淀，滴加 $6mol \cdot L^{-1}$ $NH_3 \cdot H_2O$，使沉淀溶解，再加 $6mol \cdot L^{-1}$ HNO_3 酸化，白色沉淀又出现，表示有 Ag^+ 存在

续表

离子	鉴定方法
NH_4^+	取1滴试液置于表面皿上,加 6mol·L^{-1} NH$_3$·H$_2$O 使其显碱性,迅速用另一个粘有一小块湿润 pH 试纸的表面皿盖上,置于水浴中加热,pH 试纸变蓝色,表示有 NH_4^+ 存在
Ca^{2+}	取试液加饱和草酸铵溶液,如有白色沉淀,表示有 Ca^{2+} 存在
Al^{3+}	取2滴试液,分别加 4~5 滴水、2滴 2mol·L^{-1} HAc 和2滴铝试剂,振荡,置于 70℃ 水浴上加热片刻,滴加 1~2 滴氨水,出现红色絮状沉淀,表示有 Al^{3+} 存在
Fe^{3+}	取2滴试液于点滴板上,加2滴硫氰酸铵溶液,有血红色;或取1滴试液于点滴板上,加1滴 K$_4$[Fe(CN)$_6$] 溶液,有蓝色沉淀,表示有 Fe^{3+} 存在
Fe^{2+}	取2滴试液于点滴板上,加铁氰化钾溶液,生成蓝色沉淀,表示有 Fe^{2+} 存在
Cr^{3+}	取2滴试液,加入1滴 6mol·L^{-1} NaOH,生成沉淀,继续加入 NaOH 溶液至沉淀溶解,再滴加3滴 3% H$_2$O$_2$ 溶液,加热,溶液变黄色,表明有 CrO_4^{2-}。继续加热,除去 H$_2$O$_2$,冷却,用 6mol·L^{-1} HAc 酸化,加2滴 0.1mol·L^{-1} Pb(NO$_3$)$_2$ 溶液,有黄色沉淀,表示有 Cr^{3+} 存在
Zn^{2+}	取2滴试液,加入5滴 NaOH 和10滴二苯硫腙,振荡,置于水浴中加热,显粉红色,表示有 Zn^{2+} 存在
Mn^{2+}	取1滴试液,加入数滴 6mol·L^{-1} HNO$_3$ 溶液,再加入 NaBiO$_3$ 固体,溶液变为紫色,表示有 Mn^{2+} 存在
Pb^{2+}	取2滴试液,加入2滴 0.1mol·L^{-1} K$_2$CrO$_4$ 溶液,有黄色沉淀,表示有 Pb^{2+} 存在

续表

离子	鉴定方法
Ni^{2+}	取1滴供试液于点滴板上,加2滴丁二酮肟试剂,生成鲜红色沉淀,表示有 Ni^{2+} 存在
Co^{2+}	取2滴试液,加入0.5mL丙酮,再加入饱和硫氰酸铵溶液,显蓝色,表示有 Co^{2+} 存在
Cd^{2+}	在定量滤纸上,加1滴 $0.2g·L^{-1}$ 镉试剂,烘干,再加1滴供试液,烘干,加1滴 $2mol·L^{-1}$ KOH,则斑点呈红色,表示有 Cd^{2+} 存在
Cu^{2+}	取1滴试液于点滴板上,加1滴 $K_4[Fe(CN)_6]$ 溶液,有棕红色沉淀;或取5滴试液,加氨水,有蓝色沉淀,再加过量氨水,沉淀溶解,产生蓝色溶液,表示有 Cu^{2+} 存在
$S_2O_3^{2-}$	取2滴试液,加入2滴 $2mol·L^{-1}$ HCl,加热,有白色或浅黄色浑浊出现;或取2滴试液,加入 $0.1mol·L^{-1}$ $AgNO_3$ 溶液,振摇,放置片刻,白色沉淀迅速变黄、变棕、变黑,表示有 $S_2O_3^{2-}$ 存在
SO_3^{2-}	取2滴试液于点滴板上,加入2滴 $2mol·L^{-1}$ HCl,加1滴品红试剂,褪色,表示有 SO_3^{2-} 存在
PO_4^{3-}	取2滴试液,加入8~10滴饱和钼酸铵试剂,有黄色沉淀生成,表示有 PO_4^{3-} 存在
S^{2-}	取试液加酸,用湿润 $Pb(Ac)_2$ 试纸检验气体,显黑色,表示有 S^{2-} 存在
NO_3^-	取2滴试液于点滴板上,加1粒 $FeSO_4·H_2O$ 固体,加入2滴浓硫酸,片刻,固体外表有棕色,表示有 NO_3^- 存在

参考文献

[1] 戎红仁,陈若愚. 无机与分析化学实验. 3版. 北京:化学工业出版社,2020.

[2] 叶艳青,庞鹏飞,汪正良. 无机与分析化学实验. 北京:化学工业出版社,2021.

[3] 郭栋材,蔡炳新,陈贻文,等. 基础化学实验. 3版. 北京:科学出版社,2021.

[4] 李雪华,籍雪平. 基础化学实验. 4版. 北京:人民卫生出版社,2019.

[5] 郑冰,朱志彪. 无机及分析化学实验学习指导. 北京:中国石化出版社,2022.

[6] 曲宝涵,徐鲁斌. 基础化学实验. 北京:中国农业出版社,2022.

[7] 白广梅,任海荣,陈巍. 无机化学实验. 北京:中国石化出版社,2021.

[8] 张建刚,杨美虹. 无机及分析化学实验. 北京:中国林业出版社,2021.

[9] 陈志,王敏,葛淑萍,等. 工科基础化学实验汇编. 重庆:重庆大学出版社,2018.

[10] 国家药典委员会. 中华人民共和国药典(二部). 北京:中国医药科技出版社,2020.

[11] 吴泽颖,丁琳琳,周全法. 无机与分析化学实验. 南京:南京大学出版社,2021.

[12] 杜鼎. 大学化学基础及实验. 北京:高等教育出版社,2019.

[13] 梁慧光,龙海涛. 基础化学实验. 北京:中国农业出版社,2021.

[14] 武汉大学. 分析化学实验. 6版. 北京:高等教育出版社,2021.

[15] 杨怀霞,吴培云. 无机化学实验. 北京:中国中医药出版社,2021.

[16] 陈若愚,朱建飞. 无机与分析化学. 大连:大连理工大学出版社,2020.

[17] 和玲,梁军艳. 无机与分析化学实验. 北京:高等教育出版社,2020.

[18] 李巧玲. 无机化学与分析化学实验. 北京:化学工业出版社,2020.

[19] 陈三平,崔斌. 基础化学实验Ⅰ:无机化学与化学分析实验. 北京:科学出版社,2023.